Die Masse eines Photons

Josef von Stackelberg

Die Masse eines Photons

Randnotizen der Elektrotechnik

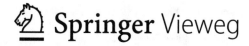 Springer Vieweg

Josef von Stackelberg
Baunach, Deutschland

ISBN 978-3-658-33664-6   ISBN 978-3-658-33665-3   (eBook)
https://doi.org/10.1007/978-3-658-33665-3

Die Deutsche Nationalbibliothek verzeichnet diese Publikation in der Deutschen Nationalbibliografie;
detaillierte bibliografische Daten sind im Internet über http://dnb.d-nb.de abrufbar.

Planung/Lektorat: Reinhard Dapper
Springer Vieweg ist ein Imprint der eingetragenen Gesellschaft Springer Fachmedien Wiesbaden GmbH und ist
ein Teil von Springer Nature.
Die Anschrift der Gesellschaft ist: Abraham-Lincoln-Str. 46, 65189 Wiesbaden, Germany

Geleitwort

Über einen Zeitraum von vielen Jahren entstanden diverse, untereinander scheinbar unzusammenhängende Untersuchungen aus dem erweiterten Bereich der Elektrotechnik. Die Ursachen und Gründe für diese Untersuchungen lagen immer in irgendwelchen Alltagsfragen, denen ich im Rahmen meiner beruflichen Tätigkeit besonders auf den Grund gehen musste, oder wenn ich einen als gegeben angenommenen Zusammenhang verstehen wollte.

Ich habe versucht, für alle Aussagen, die ich nicht für mich in Anspruch nehme, Quellen zu finden, auch wenn ich eine Aussage erst einmal aus dem Gedächtnis formulierte, wie ich sie während meiner Berufsausbildung und meines Studiums gelernt zu haben dachte oder im Lauf meines Berufslebens in einem Buch gelesen hatte. Ich konnte während des Schreibens dieses Buches nicht mehr für alle Aussagen Quellen auftreiben. Daher möchte ich als meine eigenen Erkenntnisse nur folgende Herleitungen benennen:

- Im Kap. 3 die Herleitung der Gravitationskraft aus hochfrequenten elektromagnetischen Oszillationen,
- Im Kap. 4 die Herleitung der einzelnen Oszillationen, der Photonenmasse und der vier Grundkräfte der Physik aus der Toroiden Wendel,
- Im Kap. 5 die alternative Erläuterung des relativistischen Masseerhöhungsphänomens,
- Im Kap. 6 die Auflösung der Permittivität und der Permeabilität und Ersetzen durch die Vakuumlichtgeschwindigkeit,
- Im Kap. 7 die Herleitung der Fourierreihe für den angeschnittenen Sinus,
- Im Kap. 8 die Herleitung der alternativen Diodengleichung, in der die Temperatur im Exponenten in den Zähler gehoben wird.

Bei allen anderen Betrachtungen erhebe ich keinen Anspruch auf eigene Entdeckung. Insbesondere bei der vorgestellten Lösung für die Koeffizientenermittlung für das Interpolationspolynom in Kap. 9 und bei der Einführung der Grundgleichung für gerade Graphen im doppelt logarithmischen Koordinatensystem im Kap. 10 kann ich mir nicht vorstellen, dass diese Erkenntnisse nicht schon in früherer Zeit veröffentlicht wurden.

In Zeiten des allgegenwärtigen Internets und den darüber veröffentlichten Informationen und Nichtinformationen sehe ich es als normal an, eine Enzyklopädie wie Wikipedia genauso für meine Arbeit zu zitieren wie eine beliebige andere Quelle, weil nach meiner Ansicht die Fehlerrate von Wikipedia zumindest nicht wesentlich höher ist als die anderer Veröffentlichungen. Insbesondere wenn ich die Inhalte der vorliegenden Untersuchungsberichte betrachte, in denen ich doch einige als grundsätzlich angenommene Wahrheiten infrage stellen kann, fragte ich mich während der Arbeiten daran bisweilen generell, welchen Veröffentlichungen zu vertrauen ist.

Ich habe im Verlauf der Erläuterungen die Berechnungsschritte relativ ausführlich beschrieben, weil ich jedem Leser die Möglichkeit geben möchte, meine Berechnungen nachzuvollziehen, um entweder Fehler aufzudecken, die mir trotz mehrfacher Überprüfung bzw. Neuberechnung unterlaufen sein mögen (auch wenn ich nicht davon ausgehe), oder um zu verstehen, wie die Ergebnisse zustande kommen, und eventuell sogar weiter an ihnen zu arbeiten. Wer an den mathematischen Herleitungen nicht interessiert ist, kann diese überspringen und den jeweils nachfolgenden Text weiterlesen.

Es gibt einen Lehrer, den ich im Zusammenhang mit den Inhalten dieses Buches dankbar erwähnen möchte: Professor Dr. Dr. Wolfgang Halang, emeritierter Professor für Informationstechnik an der Fernuniversität Hagen, der mich über viele Jahre im Studium und bisweilen privat begleitete und mich an der einen oder anderen Stelle entscheidend ermutigte, einen unbequemen Gedanken zu Ende zu formulieren, ehe ich ihn als nicht Ziel führend ablegte. Aus dieser Aufforderung, einen anfänglich fremd oder falsch scheinenden Weg zu Ende zu denken, entstand das eine oder andere der nachfolgenden Kapitel.

Josef von Stackelberg

Inhaltsverzeichnis

Einleitung

1

Photonen haben keine Masse, heißt es. Als Begründung für diese Aussage wird gesagt, dass sie sich sonst nicht mit Lichtgeschwindigkeit bewegen würden. Die Basis dafür liefert Albert Einstein mit seinen Relativitätstheorien.

Andererseits lassen sich Photonen von Massen ablenken. Die Ablenkung lässt sich berechnen. Eine erste Abschätzung der Ablenkung lieferte Johannes Soldner, später korrigierte Albert Einstein die Rechenwerte Johannes Soldners und begründete damit u. a. seine Allgemeine Relativitätstheorie.

Diese Ablenkung lässt den Schluss zu, dass Photonen auf Gravitation reagieren; Gravitation ist eine kennzeichnende Eigenschaft von Masse. Die zweite kennzeichnende Eigenschaft von Masse ist Trägheit.

Aus diesem Ablenkungseffekt lässt sich eine weitere Annahme ableiten: Dass Gravitation und elektromagnetische Felder irgendwie miteinander verquickt sind, weil Photonen nach allgemeinem Kenntnisstand elektromagnetische Wellen sind. Für die Verbindung zwischen der Gravitation und den elektromagnetischen Feldern lässt sich eine technische Erklärung finden, mit der ein neues Grundelement eingeführt wird, aus dem alles besteht, beginnend von den Photonen, Elektronen und Quarks bis hin zur gesamten Materie im Universum. Denkt man auf diesem Weg weiter, kann man die beiden anderen Grundkräfte der Physik, die starke und die schwache Kraft, ebenfalls mit diesem neuen Grundelement erklären. Das charmante an diesem Grundelement liegt darin, dass man die drei Raumdimensionen und die Zeitdimension nicht verlassen muss.

Weiterhin wird mithilfe des Modells eine Erklärung gegeben, warum Photonen sich mit Lichtgeschwindigkeit bewegen und unter welchen Bedingungen sich jede beliebige Masse ebenfalls auf Lichtgeschwindigkeit oder sogar noch weiter beschleunigen lässt.

Schließlich führen die weitergehenden Betrachtungen sogar dazu, dass durch eine einfache Neubewertung des Begriffes der Masse zwei derzeit fest verankerte Konstanten in

© Der/die Autor(en), exklusiv lizenziert durch Springer Fachmedien Wiesbaden GmbH, ein Teil von Springer Nature 2021
J. von Stackelberg, *Die Masse eines Photons*,
https://doi.org/10.1007/978-3-658-33665-3_1

der Elektrotechnik wegfallen bzw. durch die Konstante der Vakuumlichtgeschwindigkeit ersetzt werden können.

All diese Gedankenschritte entstehen daraus, dass bestehende Gesetze der Elektrotechnik kritisch betrachtet werden, weil sie im täglichen Einsatz nicht die gewünschten Ergebnisse liefern, und aus den kritischen Betrachtungen neue Erkenntnisse abgeleitet werden.

Darum trägt dieses Buch den zweiten Titel, "Randnotizen der Elektrotechnik", weil alle hier beschriebenen Erkenntnisse aus praktischen Untersuchungen während meiner Tätigkeit als Elektroingenieur stammen.

Da auf diesem Weg nicht nur Erkenntnisse entstanden waren, die in die oben beschriebene Argumentationskette passen, sondern links und rechts weitere Unstimmigkeiten festgestellt und bearbeitet wurden, füge ich diese weiteren Erkenntnisse in den dann folgenden Kapiteln hinzu, um sie ebenfalls der Allgemeinheit zugänglich zu machen.

Die Fourierreihe einer z. B. durch einen Thyristor angeschnittenen Sinusspannung ergibt keine angeschnittene Sinusspannung.

Die Diodengleichung ist ein typisches Beispiel, wie vor langer Zeit ein mathematisches Modell eines technischen Zusammenhanges entstand und anschließend niemand mehr wagte, dieses Modell infrage zu stellen, obwohl man weiß, dass das bestehende Modell nicht funktioniert.

Gravitationslinsen

2

Gravitationslinsen sind Massen, die Lichtstrahlen beugen [1, 2]. Diese Ablenkung findet überall statt, die Ablenkung ist jedoch so gering, dass sie nur in der Kombination sehr großer Massen und großer Entfernungen nennenswert ist, weil die großen Massen entsprechend große Querbeschleunigungen erzeugen und die großen Entfernungen auch bei kleinen Ablenkungswinkeln zu messbaren Querdistanzen führen. Diese Ablenkungen eines Lichtstrahls auf seinem Weg durch die Weite des Alls führen dazu, dass ein Stern sich gar nicht an der Stelle befindet, wo wir ihn vermeintlich sehen, sondern dass er ganz woanders liegen kann, was publikumswirksam mit der „Krümmung des Raumes" bezeichnet wird.

Ein einfaches Beispiel ist die Lichtquelle, die sich hinter der Sonne befindet und die wir trotzdem sehen können, weil die Strahlen der Lichtquelle eben durch die Sonne stark genug abgelenkt werden.

Die erste bekannte Berechnung dieser Ablenkung publizierte Johannes Soldner im März 1801, ein in Franken beheimateter Mathematiker [3].

2.1 Die Ablenkung von Licht durch Massen

In seiner Ausarbeitung kam Herr Soldner auf ein Ergebnis, das exakt den halben Winkel ergab, der später durch Messungen verifiziert wurde.

Die in der vorgenannten Quelle beschriebene Berechnung nachzuvollziehen, ist nicht an allen Stellen trivial, weil die Begriffe für physikalische Größen, wie wir sie heute kennen, teilweise gravierend anders belegt sind:

„Die Beschleunigung der Schwere auf der Oberfläche des Körpers sey g": Allerdings gibt Soldner die Fallbeschleunigung g nicht in m/s^2 an, sondern als Zahlenwert, der mit dem Radius der Erde und mit Pi zu multiplizieren ist:

© Der/die Autor(en), exklusiv lizenziert durch Springer Fachmedien Wiesbaden GmbH, ein Teil von Springer Nature 2021
J. von Stackelberg, *Die Masse eines Photons*,
https://doi.org/10.1007/978-3-658-33665-3_2

$$g_{\text{ErdeSoldner}} \cdot r_{\text{Erde}} \cdot \pi = g_{\text{Erde}} \qquad (2.1)$$

Ähnlich drückt er die Lichtgeschwindigkeit aus:

$$v_{\text{ErdeSoldner}} \cdot r_{\text{Erde}} \cdot \pi = c_{\text{Vakuum}} \qquad (2.2)$$

mit

$$g_{\text{ErdeSoldner}} = 5,75231 \cdot 10^{-7} \frac{1}{s^2}$$

$$r_{\text{Erde}} = 6,369514 \cdot 10^6 \, m$$

$$v_{\text{ErdeSoldner}} = 15,562085 \frac{1}{s}$$

Setzt man diese Werte in seine Formel für die Ablenkung eines Lichtstrahls ein

$$\tan \omega = \frac{2 \cdot g}{v \cdot \sqrt{v^2 - 4 \cdot g}} \qquad (2.3)$$

und drückt ω in Grad anstatt im Bogenmaß aus (indem man den Bogenmaßwert durch ($\pi \cdot 180$) teilt), so erhält man entsprechend seiner Ausarbeitung einen Abweichungswinkel von 10^{-3} Bogensekunden.

Der Vollständigkeit halber sei erwähnt, dass dieser Abweichungswinkel nur die Abweichung des Lichtstrahls von der Lichtquelle bis zur Erde beschreibt. Natürlich gibt es noch eine ebenso große Abweichung, wenn der Lichtstrahl die Erde passiert hat und bis zum weiter entfernten Beobachter weitergeht.

Während Soldner die Ausgangswerte für seine Berechnung der Lichtstrahlenablenkung durch die Erde angibt, so finden sich für die Ablenkung des Lichts durch die Sonne keine Ausgangswerte. Er gibt nur das Ergebnis mit $\omega = 0,84''$ an, was in etwa die Hälfte der messtechnisch ermittelten Ablenkung ist.

Um dieses Ergebnis nachvollziehen zu können, werden aus den Dimensionen für die Sonne [4]

$$r_{\text{Sonne}} = 6,967 \cdot 10^8 \, m$$

$$g_{\text{Sonne}} = 273,8 \frac{m}{s^2}$$

die beiden Werte $g_{\text{Sonne Soldner}}$ und $v_{\text{Sonne Soldner}}$ gemäß der Gl. 2.1 ermittelt:

$$g_{\text{Sonne Soldner}} = 1,2509437 \cdot 10^{-7} \frac{1}{s^2}$$

$$v_{\text{Sonne Soldner}} = 0,1370647 \frac{1}{s}$$

Diese wieder in die Formel für tan ω eingegeben, ergibt einen Wert

$$\omega = 2{,}7469296''$$

Teilt man diesen Wert durch π, erhält man

$$\omega = 0{,}87437485'',$$

welcher auffallende Ähnlichkeit mit dem von Albert Einstein in seinem ersten Anlauf publizierten Wert hat und der die Hälfte des von ihm korrigierten Wertes ist [5]. Die Korrektur ist insofern logisch, weil der ursprüngliche Wert nur die Hälfte des Lichtstrahlenweges beschreibt (siehe oben).

Jedenfalls ist in den bisherigen Berechnungen alles konventionell ohne Einbeziehung von Zeitdilatation oder Längenkontraktion von statten gegangen.

Die Ablenkung eines sich mit Lichtgeschwindigkeit fortbewegenden Teilchens lässt sich auch folgendermaßen abschätzen (Abb. 2.1):

$$\tan \alpha_0 = \frac{x_h}{d-x} = \frac{r}{d} \tag{2.4}$$

$$x_h = (d-x) \cdot \frac{r}{d} \tag{2.5}$$

$$\alpha_0 = \arctan \frac{r}{d} \tag{2.6}$$

$$\tan \beta = \frac{x_h}{x} \tag{2.7}$$

$$\tan \beta = \frac{(d-x) \cdot \frac{r}{d}}{x} \tag{2.8}$$

$$\beta = \arctan \frac{d \cdot r - x \cdot r}{x \cdot d} \tag{2.9}$$

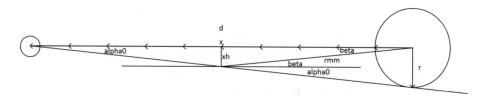

Abb. 2.1 Schematische Darstellung einer Photonenquelle (kleiner Kreis links) und ablenkender Masse (großer Kreis rechts mit dem Radius r); zur Veranschaulichung der nachfolgenden Berechnung sind die Winkel und Längen in die Darstellung eingetragen

$$\gamma_0 = \alpha_0 + \beta \tag{2.10}$$

$$\gamma_0 = \arctan \frac{r}{d} + \arctan \frac{d \cdot r - x \cdot r}{x \cdot d} \tag{2.11}$$

mit

$$\frac{r}{d} \cdot \frac{r \cdot (d - x)}{d \cdot x} = \frac{r^2}{d^2} \cdot \frac{d - x}{x} < 1 \; f\ddot{u}r \; x \in [r; d] \tag{2.12}$$

$$\gamma_0 = \arctan \frac{\frac{r}{d} + \frac{d \cdot r - x \cdot r}{x \cdot d}}{1 - \frac{r}{d} \cdot \frac{d \cdot r - x \cdot r}{x \cdot d}} \tag{2.13}$$

$$\gamma_0 = \arctan \frac{\frac{r \cdot x + d \cdot r - x \cdot r}{x \cdot d}}{1 - \frac{d \cdot r^2 - x \cdot r^2}{x \cdot d^2}} \tag{2.14}$$

$$\gamma_0 = \arctan \frac{d \cdot r}{x \cdot d \cdot \left(1 - \frac{d \cdot r^2 - x \cdot r^2}{x \cdot d^2}\right)} \tag{2.15}$$

$$\gamma_0 = \arctan \frac{d \cdot r}{\left(x \cdot d - \frac{x \cdot d \cdot (d \cdot r^2 - x \cdot r^2)}{x \cdot d^2}\right)} \tag{2.16}$$

$$\gamma_0 = \arctan \frac{d \cdot r}{\left(\frac{x \cdot d^2 - d \cdot r^2 + x \cdot r^2}{d}\right)} \tag{2.17}$$

$$\gamma_0 = \arctan \frac{d^2 \cdot r}{x \cdot d^2 - d \cdot r^2 + x \cdot r^2} \tag{2.18}$$

Für

$$F_g = \frac{g \cdot m_1 \cdot m_2}{r_{mm}^{\;2}} \tag{2.19}$$

mit

g = Gravitationskonstante = $6{,}67408 \cdot 10^{-11}$ m^3/(kg · s^2)
m_1 = Masse des anziehenden Körpers in kg
m_2 = Masse des Photons in kg
r_{mm} = Distanz der beiden Massenmittelpunkte zueinander in m

und

$$F = m_2 \cdot a \tag{2.20}$$

mit

$m_2 =$ Masse des Photons
$a =$ Beschleunigung, die durch die Kraft hervorgerufen wird

wird bei Gleichsetzen der Kräfte

$$a = \frac{g \cdot m_1}{r_{mm}{}^2} \tag{2.21}$$

Zum Einen ist erkennbar, dass sich die Photonenmasse rauskürzt, d. h., die Ablenkung ist unabhängig von der abgelenkten Massengröße, was der Lehre der Newton'schen Mechanik entspricht (siehe auch Newton [6]), zum Andern ergibt diese Beschleunigung die Querbeschleunigung a_q des Photons, die vom Winkel γ abhängt:

$$a_q = a \cdot \sin \gamma \tag{2.22}$$

Damit wird

$$a_{q0} = \frac{g \cdot m_1}{r_{mm}{}^2} \cdot \sin \arctan \frac{d^2 \cdot r}{x \cdot d^2 - d \cdot r^2 + x \cdot r^2} \tag{2.23}$$

$$a_{q0} = \frac{g \cdot m_1}{r_{mm}{}^2} \cdot \frac{\frac{d^2 \cdot r}{x \cdot d^2 - d \cdot r^2 + x \cdot r^2}}{\sqrt{1 + \left(\frac{d^2 \cdot r}{x \cdot d^2 - d \cdot r^2 + x \cdot r^2}\right)^2}} \tag{2.24}$$

$$a_{q0} = \frac{g \cdot m_1}{r_{mm}{}^2} \cdot \frac{d^2 \cdot r}{\left(x \cdot d^2 - d \cdot r^2 + x \cdot r^2\right) \cdot \sqrt{1 + \left(\frac{d^2 \cdot r}{x \cdot d^2 - d \cdot r^2 + x \cdot r^2}\right)^2}} \tag{2.25}$$

$$a_{q0} = \frac{g \cdot m_1}{r_{mm}{}^2} \cdot \frac{d^2 \cdot r}{\sqrt{\left(x \cdot d^2 - d \cdot r^2 + x \cdot r^2\right)^2 \cdot 1 + \frac{\left(x \cdot d^2 - d \cdot r^2 + x \cdot r^2\right)^2 \cdot d^4 \cdot r^2}{\left(x \cdot d^2 - d \cdot r^2 + x \cdot r^2\right)^2}}} \tag{2.26}$$

$$a_{q0} = \frac{g \cdot m_1}{r_{mm}{}^2} \cdot \frac{d^2 \cdot r}{\sqrt{\left(x \cdot d^2 - d \cdot r^2 + x \cdot r^2\right)^2 + d^4 \cdot r^2}} \tag{2.27}$$

wobei

$$r_{mm} = \frac{x}{\cos \beta} \tag{2.28}$$

Damit wird

$$a_{q0} = \frac{g \cdot m_1}{\left(\frac{x}{\cos\beta}\right)^2} \cdot \frac{d^2 \cdot r}{\sqrt{\left(x \cdot d^2 - d \cdot r^2 + x \cdot r^2\right)^2 + d^4 \cdot r^2}} \tag{2.29}$$

$$a_{q0} = \frac{g \cdot m_1}{\left(\frac{x}{\cos\arctan\frac{d \cdot r - x \cdot r}{x \cdot d}}\right)^2} \cdot \frac{d^2 \cdot r}{\sqrt{\left(x \cdot d^2 - d \cdot r^2 + x \cdot r^2\right)^2 + d^4 \cdot r^2}} \tag{2.30}$$

$$a_{q0} = \frac{g \cdot m_1 \cdot \cos^2 \arctan\frac{d \cdot r - x \cdot r}{x \cdot d}}{x^2} \cdot \frac{d^2 \cdot r}{\sqrt{\left(x \cdot d^2 - d \cdot r^2 + x \cdot r^2\right)^2 + d^4 \cdot r^2}} \tag{2.31}$$

$$a_{q0} = \frac{g \cdot m_1 \cdot d^2 \cdot r \cdot \cos^2 \arctan\frac{d \cdot r - x \cdot r}{x \cdot d}}{x^2 \cdot \sqrt{\left(x \cdot d^2 - d \cdot r^2 + x \cdot r^2\right)^2 + d^4 \cdot r^2}} \tag{2.32}$$

$$a_{q0} = \frac{g \cdot m_1 \cdot d^2 \cdot r \cdot \frac{1}{1+\left(\frac{d \cdot r - x \cdot r}{x \cdot d}\right)^2}}{\sqrt{\left(x^3 \cdot d^2 - x^2 \cdot d \cdot r^2 + x^3 \cdot r^2\right)^2 + x^4 \cdot d^4 \cdot r^2}} \tag{2.33}$$

$$a_{q0} = \frac{g \cdot m_1 \cdot d^2 \cdot r}{\left(1 + \left(\frac{d \cdot r - x \cdot r}{x \cdot d}\right)^2\right) \cdot \sqrt{\left(x^3 \cdot d^2 - x^2 \cdot d \cdot r^2 + x^3 \cdot r^2\right)^2 + x^4 \cdot d^4 \cdot r^2}} \tag{2.34}$$

$$a_{q0} = \frac{g \cdot m_1 \cdot d^2 \cdot r}{\left(1 + \frac{r^2 \cdot (d-x)^2}{x^2 \cdot d^2}\right) \cdot \sqrt{\left(x^3 \cdot d^2 - x^2 \cdot d \cdot r^2 + x^3 \cdot r^2\right)^2 + x^4 \cdot d^4 \cdot r^2}} \tag{2.35}$$

$$a_{q0} = \frac{g \cdot m_1 \cdot d^2 \cdot r}{\frac{x^2 \cdot d^2 + r^2 \cdot (d-x)^2}{x^2 \cdot d^2} \cdot \sqrt{\left(x^3 \cdot d^2 - x^2 \cdot d \cdot r^2 + x^3 \cdot r^2\right)^2 + x^4 \cdot d^4 \cdot r^2}} \tag{2.36}$$

$$a_{q0} = \frac{g \cdot m_1 \cdot d^4 \cdot r \cdot x^2}{\left(x^2 \cdot d^2 + r^2 \cdot (d-x)^2\right) \cdot \sqrt{\left(x^3 \cdot d^2 - x^2 \cdot d \cdot r^2 + x^3 \cdot r^2\right)^2 + x^4 \cdot d^4 \cdot r^2}} \tag{2.37}$$

Daraus lässt sich ableiten:

$$v_q = a_q \cdot t + v_{q-} \tag{2.38}$$

$$s_q = \frac{a_q}{2} \cdot t^2 + v_{q-} \cdot t + s_{q-},$$ (2.39)

wobei v_{q-} und s_{q-} aus dem vorherigen Zeitintervall zu nehmen sind.
    Man kann näherungsweise davon ausgehen, dass

$$t = \frac{r}{c}.$$ (2.40)

Für die weiteren α wird dann

$$\alpha = \arcsin \frac{s_q}{r}$$ (2.41)

und damit

$$\gamma = \alpha + \beta,$$ (2.42)

also

$$\gamma = \arcsin \frac{s_q}{r} + \arctan \frac{d \cdot r - x \cdot r}{x \cdot d}$$ (2.43)

Mit

$$a_q = a \cdot \sin \gamma$$ (2.44)

wird dann

$$a_q = a \cdot \sin \left(\arcsin \frac{s_q}{r} + \arctan \frac{d \cdot r - x \cdot r}{x \cdot d} \right)$$ (2.45)

$$a_q = a \cdot \left(\sin \arcsin \frac{s_q}{r} \cdot \cos \arctan \frac{d \cdot r - x \cdot r}{x \cdot d} + \cos \arcsin \frac{s_q}{r} \cdot \sin \arctan \frac{d \cdot r - x \cdot r}{x \cdot d} \right)$$ (2.46)

$$a_q = a \cdot \left(\frac{s_q}{r} \cdot \frac{1}{\sqrt{1 + \left(\frac{d \cdot r - x \cdot r}{x \cdot d} \right)^2}} + \sqrt{1 - \left(\frac{s_q}{r} \right)^2} \cdot \frac{\frac{d \cdot r - x \cdot r}{x \cdot d}}{\sqrt{1 + \left(\frac{d \cdot r - x \cdot r}{x \cdot d} \right)^2}} \right)$$ (2.47)

$$a_q = \frac{g \cdot m_1}{\left(\frac{x}{\cos \arctan \frac{d \cdot r - x \cdot r}{x \cdot d}} \right)^2} \cdot \left(\frac{\frac{s_q}{r} + \sqrt{1 - \left(\frac{s_q}{r} \right)^2} \cdot \frac{d \cdot r - x \cdot r}{x \cdot d}}{\sqrt{1 + \left(\frac{d \cdot r - x \cdot r}{x \cdot d} \right)^2}} \right)$$ (2.48)

$$a_q = \frac{g \cdot m_1}{\left(\frac{x}{\sqrt{1 + \left(\frac{d \cdot r - x \cdot r}{x \cdot d} \right)^2}} \right)^2} \cdot \left(\frac{\frac{s_q}{r} + \sqrt{1 - \left(\frac{s_q}{r} \right)^2} \cdot \frac{d \cdot r - x \cdot r}{x \cdot d}}{\sqrt{1 + \left(\frac{d \cdot r - x \cdot r}{x \cdot d} \right)^2}} \right)$$ (2.49)

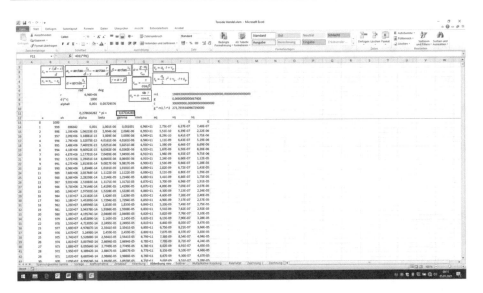

Abb. 2.2 Auszug aus der Excel-Tabelle mit der numerischen Ermittlung des Ablenkungswinkels eines Lichtstrahls durch eine Masse

$$a_q = \frac{g \cdot m_1}{x^2 \cdot \left(1 + \left(\frac{d \cdot r - x \cdot r}{x \cdot d}\right)^2\right)} \cdot \left(\frac{\frac{s_q}{r} + \sqrt{1 - \left(\frac{s_q}{r}\right)^2} \cdot \frac{d \cdot r - x \cdot r}{x \cdot d}}{\sqrt{1 + \left(\frac{d \cdot r - x \cdot r}{x \cdot d}\right)^2}}\right) \tag{2.50}$$

Füllt man eine Excel-Tabelle mit dieser rekursiven Reihe, so erhält man an der Position der ablenkenden Masse einen Ablenkungswinkel von 0,87534285 Bogensekunden (Abb. 2.2).

Diese Abschätzung wurde unter der Annahme durchgeführt, dass Photonen sich mit Lichtgeschwindigkeit bewegen und dass sie eine Masse haben, d. h., auf die Gravitation der ablenkenden Masse reagieren.

Literatur

1. Wikipedia, Gravitationslinseneffekt, 1. 3. 2021
2. S. Hawking; Das Universum in der Nussschale; Kober, Deutscher Taschenbuch Verlag, 2004
3. wikisource.org: Joh. Soldner; Über die Ablenkung eines Lichtstrals von seiner geradlinigen Bewegung; Berlin; 1801
4. Wikipedia, Sonne, 1. 3. 2021
5. P. Schneider, J. Ehlers, E. E. Falco; Gravitational Lenses; Springer Verlag Berlin; 1999
6. Jay O'Rear; Physik; Carl Hanser Verlag München; 1989

Das Gravitationsfeld

Anders als die elektrischen und magnetischen Felder, die Körper umgeben und die auf korrespondierende Körper sowohl anziehend als auch abstoßend wirken können, wirken die Gravitationsfelder zweier Körper immer anziehend auf die des jeweils anderen. Geht man von der Annahme aus, dass Gravitation ein elektromagnetischer Effekt ist, dann müssten die beiden korrespondierenden Felder von zwei Körpern folgende Eigenschaften haben, um immer anziehend zu wirken: Das Produkt der beiden Felder müsste als Mittelwert über die Zeit unipolar sein. Wie eine im Mittelwert unipolare Kraft aus Wechselfeldern entsteht, wird im Folgenden hergeleitet.

Die Kraft zwischen zwei Körpern mit umgebenden elektrischen Feldern wird wie folgt beschrieben:

$$F_{el} = -\frac{q_1 \cdot q_2}{4 \cdot \pi \cdot \varepsilon_0 \cdot d^2} \tag{3.1}$$

Sind beide Ladungen q_1 und q_2 entweder positiv oder negativ, so ergibt sich für die Kraft zwischen diesen beiden Ladungen eine negative Kraft, die abstoßend wirkt. Unterschiedliche Ladungen ergeben demzufolge eine positive Kraft, die anziehend wirkt.

Eine entsprechende Beschreibung der Kraft zwischen zwei massebehafteten Körpern gibt es mit

$$F_{grav} = \frac{g \cdot m_1 \cdot m_2}{d^2} \tag{3.2}$$

Massewerte sind immer positiv und daher ist die Kraft zwischen ihnen auch immer positiv, sprich anziehend.

Es gibt keine entsprechende Formel, die die magnetische Kraft zwischen zwei mit einem Magnetfeld behafteten Körpern beschreibt, weil Magnetfelder immer nur geschlossene Feldlinien, d. h. keine Quelle oder Senke haben.

© Der/die Autor(en), exklusiv lizenziert durch Springer Fachmedien Wiesbaden GmbH, ein Teil von Springer Nature 2021
J. von Stackelberg, *Die Masse eines Photons*,
https://doi.org/10.1007/978-3-658-33665-3_3

Geht man nun davon aus, dass zwei Strukturen zeitlich gesehen Wechselfelder erzeugen, die zueinander in Wechselwirkung treten und dass diese Wechselwirkung in jedem Fall anziehend wirken soll auf die beiden Strukturen, das heißt, dass der Mittelwert der Wechselwirkung ungleich 0 ist, so lässt sich dies mathematisch folgendermaßen herleiten:

$$W = F_1 \cdot F_2 \tag{3.3}$$

mit

$$F_1 = a_1 \cdot \sin(\alpha_1 + \varphi_1) \tag{3.4}$$

und

$$F_2 = a_2 \cdot \sin(\alpha_2 + \varphi_2) \tag{3.5}$$

mit

F_n = Feld
a_n = Amplitude des Feldes
α_n = zeitabhängiger Winkel des Feldes
φ_n = zeitunabhängiger Phasenwinkel des Feldes

Damit wird

$$W = a_1 \cdot \sin(\alpha_1 + \varphi_1) \cdot a_2 \cdot \sin(\alpha_2 + \varphi_2) \tag{3.6}$$

$$W = a_1 \cdot a_2 \cdot \sin(\alpha_1 + \varphi_1) \cdot \sin(\alpha_2 + \varphi_2) \tag{3.7}$$

mit

$$\sin(x + y) = \sin x \cdot \cos y + \cos x \cdot \sin y \tag{3.8}$$

wird

$$W = a_1 \cdot a_2 \cdot (\sin\alpha_1 \cdot \cos\varphi_1 + \cos\alpha_1 \cdot \sin\varphi_1) \cdot (\sin\alpha_2 \cdot \cos\varphi_2 + \cos\alpha_2 \cdot \sin\varphi_2) \tag{3.9}$$

$$W = a_1 \cdot a_2 \cdot \left(\begin{array}{l} (\sin\alpha_1 \cdot \cos\varphi_1 \cdot \sin\alpha_2 \cdot \cos\varphi_2 + \sin\alpha_1 \cdot \cos\varphi_1 \cdot \cos\alpha_2 \cdot \sin\varphi_2) \\ +(\cos\alpha_1 \cdot \sin\varphi_1 \cdot \sin\alpha_2 \cdot \cos\varphi_2 + \cos\alpha_1 \cdot \sin\varphi_1 \cdot \cos\alpha_2 \cdot \sin\varphi_2) \end{array} \right) \tag{3.10}$$

$$W = a_1 \cdot a_2 \cdot \left(\begin{array}{l} (\sin\alpha_1 \cdot \sin\alpha_2 \cdot \cos\varphi_1 \cdot \cos\varphi_2 + \sin\alpha_1 \cdot \cos\alpha_2 \cdot \cos\varphi_1 \cdot \sin\varphi_2) \\ +(\cos\alpha_1 \cdot \sin\varphi_1 \cdot \sin\varphi_1 \cdot \cos\varphi_2 + \cos\alpha_1 \cdot \cos\alpha_2 \cdot \sin\varphi_1 \cdot \sin\varphi_2) \end{array} \right) \tag{3.11}$$

Es ist zu untersuchen, unter welchen Bedingungen die Multiplikation von zwei sinus-förmigen Feldern, die sich gegenseitig beeinflussen, zu einer über die Zeitdauer gesehen resultierenden Kraft führt. Diese über die Zeitdauer resultierende Kraft tritt dann auf, wenn bei der Fourier-Analyse der Funktion

$$f(t) = \sin(\alpha_1 \cdot t) \cdot \sin(\alpha_2 \cdot t) \tag{3.12}$$

der den Gleichanteil indizierende Koeffizient $a_0 \neq 0$ wird.

Zur Erläuterung: Während bei der einleitenden Betrachtung die α_n von t abhängige Werte waren, d. h., die Laufvariable t mit beinhalteten, werden die in der Funktion f(t) und im weiteren Text verwendeten α_n die Laufvariable t nicht beinhalten; daher wird sie multiplikativ angefügt.

Die Fourier-Analyse beschreibt die Zerlegung einer periodischen Funktion folgendermaßen:

$$f(t) = \frac{a_0}{2} + \sum_{k=1}^{\infty} (a_k \cdot \cos(k \cdot t) + b_k \cdot \sin(k \cdot t)) \tag{3.13}$$

mit

$$a_k = \frac{1}{\pi} \int_{-\pi}^{\pi} f(t) \cdot \cos(k \cdot t) dt \quad \text{für } k \geq 0 \tag{3.14}$$

$$b_k = \frac{1}{\pi} \int_{-\pi}^{\pi} f(t) \cdot \sin(k \cdot t) dt \quad \text{für } k \geq 1 \tag{3.15}$$

Wesentlich ist für die Untersuchung die Ermittlung des Koeffizienten a_k:

$$a_k = \frac{1}{\pi} \int_{-\pi}^{\pi} f(t) \cdot \cos(k \cdot t) dt \quad \text{für } k = 0 \tag{3.16}$$

mit

$$f(t) = \sin(\alpha_1 \cdot t) \cdot \sin(\alpha_2 \cdot t) \tag{3.17}$$

$$a_k = \frac{1}{\pi} \cdot \int_{-\pi}^{\pi} \sin(\alpha_1 \cdot t) \cdot \sin(\alpha_2 \cdot t) \cdot \cos(k \cdot t) dt \; \text{ für } \; k = 0 \tag{3.18}$$

$$a_0 = \frac{1}{\pi} \cdot \int_{-\pi}^{\pi} \sin(\alpha_1 \cdot t) \cdot \sin(\alpha_2 \cdot t) dt \tag{3.19}$$

Nebenrechnung (siehe auch Bronstein [1]):

$$\int u' \cdot v \, dt = u \cdot v - \int u \cdot v' \, dt \tag{3.20}$$

$$\int u' \cdot v \, dt = u \cdot v - \left(u^+ \cdot v' - \int u^+ \cdot v'' \, dt \right) \tag{3.21}$$

$$\int u' \cdot v \, dt = u \cdot v - u^+ \cdot v' + \int u^+ \cdot v'' \, dt \tag{3.22}$$

$$\int u' \cdot v \, dt - \int u^+ \cdot v'' \, dt = u \cdot v - u^+ \cdot v' \tag{3.23}$$

Ende Nebenrechnung

$$\int_{-\pi}^{\pi} \sin(\alpha_1 \cdot t) \cdot \sin(\alpha_2 \cdot t) \, dt - \frac{\alpha_2^2}{\alpha_1^2} \cdot \int_{-\pi}^{\pi} \sin(\alpha_1 \cdot t) \cdot \sin(\alpha_2 \cdot t) \, dt$$
$$= -\frac{1}{\alpha_1} \cdot \cos(\alpha_1 \cdot t) \cdot \sin(\alpha_2 \cdot t) + \frac{\alpha_2}{\alpha_1^2} \cdot \sin(\alpha_1 \cdot t) \cdot \cos(\alpha_2 \cdot t) \tag{3.24}$$

$$\left(1 - \frac{\alpha_2^2}{\alpha_1^2}\right) \cdot \int_{-\pi}^{\pi} \sin(\alpha_1 \cdot t) \cdot \sin(\alpha_2 \cdot t) \, dt$$
$$= \left[-\frac{1}{\alpha_1} \cdot \cos(\alpha_1 \cdot t) \cdot \sin(\alpha_2 \cdot t) + \frac{\alpha_2}{\alpha_1^2} \cdot \sin(\alpha_1 \cdot t) \cdot \cos(\alpha_2 \cdot t) \right]_{-\pi}^{\pi} \tag{3.25}$$

$$\left(1 - \frac{\alpha_2^2}{\alpha_1^2}\right) \cdot \int_{-\pi}^{\pi} \sin(\alpha_1 \cdot t) \cdot \sin(\alpha_2 \cdot t) \, dt$$
$$= \left[-\frac{1}{\alpha_1} \cdot \cos(\alpha_1 \cdot \pi) \cdot \sin(\alpha_2 \cdot \pi) + \frac{\alpha_2}{\alpha_1^2} \cdot \sin(\alpha_1 \cdot \pi) \cdot \cos(\alpha_2 \cdot \pi) \right] -$$
$$\left[-\frac{1}{\alpha_1} \cdot \cos(\alpha_1 \cdot (-\pi)) \cdot \sin(\alpha_2 \cdot (-\pi)) + \frac{\alpha_2}{\alpha_1^2} \cdot \sin(\alpha_1 \cdot (-\pi)) \cdot \cos(\alpha_2 \cdot (-\pi)) \right] \tag{3.26}$$

$$\left(1 - \frac{\alpha_2^2}{\alpha_1^2}\right) \cdot \int_{-\pi}^{\pi} \sin(\alpha_1 \cdot t) \cdot \sin(\alpha_2 \cdot t) \, dt$$
$$= -\frac{1}{\alpha_1} \cdot \cos(\alpha_1 \cdot \pi) \cdot \sin(\alpha_2 \cdot \pi) + \frac{1}{\alpha_1} \cdot \cos(\alpha_1 \cdot (-\pi)) \cdot \sin(\alpha_2 \cdot (-\pi))$$
$$+ \frac{\alpha_2}{\alpha_1^2} \cdot \sin(\alpha_1 \cdot \pi) \cdot \cos(\alpha_2 \cdot \pi) - \frac{\alpha_2}{\alpha_1^2} \cdot \sin(\alpha_1 \cdot (-\pi)) \cdot \cos(\alpha_2 \cdot (-\pi)) \tag{3.27}$$

$$\frac{\alpha_1{}^2 - \alpha_2{}^2}{\alpha_1{}^2} \cdot \int_{-\pi}^{\pi} \sin(\alpha_1 \cdot t) \cdot \sin(\alpha_2 \cdot t) dt$$

$$= -\frac{2}{\alpha_1} \cdot \cos(\alpha_1 \cdot \pi) \cdot \sin(\alpha_2 \cdot \pi) + \frac{2 \cdot \alpha_2}{\alpha_1{}^2} \cdot \sin(\alpha_1 \cdot \pi) \cdot \cos(\alpha_2 \cdot \pi) \tag{3.28}$$

$$\int_{-\pi}^{\pi} \sin(\alpha_1 \cdot t) \cdot \sin(\alpha_2 \cdot t) dt = \frac{2 \cdot \alpha_2}{\alpha_1{}^2 - \alpha_2{}^2} \cdot \sin(\alpha_1 \cdot \pi) \cdot \cos(\alpha_2 \cdot \pi)$$

$$- \frac{2 \cdot \alpha_1}{\alpha_1{}^2 - \alpha_2{}^2} \cdot \cos(\alpha_1 \cdot \pi) \cdot \sin(\alpha_2 \cdot \pi) \tag{3.29}$$

einsetzen in

$$a_0 = \frac{1}{\pi} \cdot \int_{-\pi}^{\pi} \sin(\alpha_1 \cdot t) \cdot \sin(\alpha_2 \cdot t) dt \tag{3.30}$$

$$a_0 = \frac{1}{\pi} \cdot \left(\frac{2 \cdot \alpha_2}{\alpha_1{}^2 - \alpha_2{}^2} \cdot \sin(\alpha_1 \cdot \pi) \cdot \cos(\alpha_2 \cdot \pi) - \frac{2 \cdot \alpha_1}{\alpha_1{}^2 - \alpha_2{}^2} \cdot \cos(\alpha_1 \cdot \pi) \cdot \sin(\alpha_2 \cdot \pi) \right) \tag{3.31}$$

$$a_0 = \frac{2}{\pi \cdot \left(\alpha_1{}^2 - \alpha_2{}^2 \right)} \cdot (\alpha_2 \cdot \sin(\alpha_1 \cdot \pi) \cdot \cos(\alpha_2 \cdot \pi) - \alpha_1 \cdot \cos(\alpha_1 \cdot \pi) \cdot \sin(\alpha_2 \cdot \pi)) \tag{3.32}$$

Folgende Fälle sind zu betrachten:

1. Für $\alpha_1 = \alpha_2$ entsteht ein Bruch vom Typ „0/0", das bedeutet, es ist eine Grenzwertbetrachtung durchzuführen für $\alpha_1 \to \alpha_2$:

$$a_0 = \lim_{\alpha_1 \to \alpha_2} \frac{2}{\pi \cdot \left(\alpha_1{}^2 - \alpha_2{}^2 \right)} \cdot (\alpha_2 \cdot \sin(\alpha_1 \cdot \pi) \cdot \cos(\alpha_2 \cdot \pi) - \alpha_1 \cdot \cos(\alpha_1 \cdot \pi) \cdot \sin(\alpha_2 \cdot \pi)) \tag{3.33}$$

Anwendung der Regel des l'Hospital, Ableiten nach α_1:

$$a_0 = \lim_{\alpha_1 \to \alpha_2} \frac{2 \cdot \pi \cdot \alpha_2 \cdot \cos(\alpha_1 \cdot \pi) \cdot \cos(\alpha_2 \cdot \pi) - 2 \cdot \cos(\alpha_1 \cdot \pi) \cdot \sin(\alpha_2 \cdot \pi) + 2 \cdot \pi \cdot \alpha_1 \cdot \sin(\alpha_1 \cdot \pi) \cdot \sin(\alpha_2 \cdot \pi)}{2 \cdot \pi \cdot \alpha_1} \tag{3.34}$$

$$a_0 = \lim_{\alpha_1 \to \alpha_2} \frac{2 \cdot \pi \cdot \alpha_2 \cdot \cos(\alpha_1 \cdot \pi) \cdot \cos(\alpha_2 \cdot \pi) + 2 \cdot \pi \cdot \alpha_1 \cdot \sin(\alpha_1 \cdot \pi) \cdot \sin(\alpha_2 \cdot \pi) - 2 \cdot \cos(\alpha_1 \cdot \pi) \cdot \sin(\alpha_2 \cdot \pi)}{2 \cdot \pi \cdot \alpha_1} \tag{3.35}$$

$$a_0 = \frac{2 \cdot \pi \cdot \alpha_2 \cdot \cos(\alpha_2 \cdot \pi) \cdot \cos(\alpha_2 \cdot \pi) + 2 \cdot \pi \cdot \alpha_2 \cdot \sin(\alpha_2 \cdot \pi) \cdot \sin(\alpha_2 \cdot \pi) - 2 \cdot \cos(\alpha_2 \cdot \pi) \cdot \sin(\alpha_2 \cdot \pi)}{2 \cdot \pi \cdot \alpha_2} \tag{3.36}$$

$$a_0 = \frac{2 \cdot \pi \cdot \alpha_2 - \sin (2 \cdot \pi \cdot \alpha_2)}{2 \cdot \pi \cdot \alpha_2} \tag{3.37}$$

$$a_0 = 1 - \frac{\sin (2 \cdot \pi \cdot \alpha_2)}{2 \cdot \pi \cdot \alpha_2} \tag{3.38}$$

Für $\alpha_1 = \alpha_2$ und $\alpha_2 \neq 0$ gibt es eine Lösung $\neq 0$ für a_0, d. h., wenn die Frequenzen der beiden interagierenden Felder gleich sind, dann gibt es eine dauerhafte Wechselwirkung zwischen den Quellen der Frequenzen.

2. Für $\alpha_1 \neq \alpha_2$ ist folgende Überlegung anzustellen: Die Ergebnisfunktion aus der multiplikativen Kopplung zweier Schwingungen wird erst dann periodisch, wenn die Ergebnisperiode der beiden Schwingungen erreicht ist. Die Ergebnisperiode der Ergebnisschwingung ist die Periode, nach der sie wieder in den selben Zustand einkehrt wie zum Anfang der Periode. Bezieht man die beiden Perioden mit rationalen Faktoren auf eine Referenzperiode, so erhält man die Ergebnisperiode durch einen Bezugsfaktor auf die Referenzperiode, der sich aus der Multiplikation der beiden Einzelfaktoren ergibt. Die Frequenz der Ergebnisschwingung bei multiplikativer Kopplung ist die Summe der beiden Einzelfrequenzen, wobei die Einhüllende als Frequenz den Kehrwert der Ergebnisperiode hat. Um die beiden Einzelschwingungen als komplette Pakete zu erhalten, werden die beiden Perioden der Schwingungen mit dem KGV (Kleinsten Gemeinsamen Vielfachen) der im Nenner stehenden Ausdrücke der beiden Frequenzen multipliziert: Die Einhüllenden der beiden Ergebnisschwingungen haben nach dieser Zeit genau eine Periode durchlaufen. Daher wird der Mittelwert dieser beiden Ergebnisschwingungen immer Null sein.

Das bedeutet, dass es notwendig ist, dass die beiden Schwingungen die gleiche Frequenz haben müssen, wenn eine dauerhafte Ergebniskraft zwischen den beiden interagierenden Feldern bestehen soll. In Abhängigkeit von der Phasenlage der beiden Felder zueinander sind die Kräfte anziehend oder abstoßend.

Der stabilere Zustand der beiden (abstoßend bzw. anziehend) ist der, wenn die beiden Kräfte anziehend wirken, weil sich bei anziehenden Systemen der Abstand verringert, falls möglich, und diese Abstandsverringerung gleichzeitig verstärkend für die Kraftwirkung ist (Die Distanz taucht im Nenner der Berechnung der Kraft auf) und sich das Gesamtsystem in einen energetisch niedrigeren Zustand wandelt. Die verstärkende Wirkung der Zueinanderbewegung hat gleichzeitig eine justierende Wirkung auf die Phasenlage zueinander, sodass die beiden Felder sich noch stärker anziehen.

Falls die Frequenzen der beiden Felder nicht gleich sind und eine der beiden ein irrationales oder invers irrationales Vielfaches der anderen ist, dann lässt sich die Periodendauer der Ergebnisschwingung nicht in endlicher Zeit ausdrücken, das bedeutet, auch in diesem Fall könnte zumindest für eine Weile eine resultierende Kraft zwischen den beiden Feldern detektiert werden.

Setzt man jedoch voraus, dass die wie auch immer gestaltete Struktur (siehe Kap. 4) eine allgemein einsetzbare Struktur ist, ist es eher unwahrscheinlich, dass die Frequenzen zweier Strukturen ein irrationales Verhältnis zueinander haben.

Literatur

1. Bronstein, Semendjajew; Taschenbuch der Mathematik; Verlag Nauka Moskau, 25. Auflage 1991

Die Toroide Wendel

Basierend auf den vorangegangenen Überlegungen, wird eine räumlich begrenzte Struktur gesucht, die in der Lage ist, mehrere Schwingungen in sich zu vereinen und gleichzeitig zeitlich unbegrenzt diese Schwingungen aufrecht zu halten. Die Ergebnisstruktur ist eine Toroide Wendel mit nachfolgend hergeleiteten Eigenschaften. Diese Schwingungen, die die Toroide Wendel in sich vereinigt, sind später die Ursachen für die verschiedenen physikalischen Effekte, die Gravitation, die elektrischen und magnetischen Felder usw.

Toroide Strukturen tauchen auch in den Stringtheorien auf [1, 2].

Die so genannten Maxwellschen Gleichungen beschreiben ein System aus elektrischen und magnetischen Feldern mit einigen Wechselwirkungen und Eigenschaften (siehe Abschn. 4.1):

- Der Vektor, der ein elektrisches Feld beschreibt, und der Vektor, der das korrespondierende magnetische Feld beschreibt, und umgekehrt, stehen jeweils aufeinander senkrecht.
- Ein Vektor, der ein elektrisches oder ein magnetisches Feld beschreibt, erzeugt ein kreisförmiges Feld, dessen Ebene senkrecht zu dem Vektor liegt.
- Ein Vektor, der ein elektrisches Feld beschreibt und sich über die Zeit verändert, verursacht einen Vektor, der ein korrespondierendes magnetisches Feld mit entsprechenden zeitlichen Änderungen beschreibt.

Leitet man aus den jeweiligen Vektorfeldern der elektrischen und magnetischen Wechselfelder die Linien der Hodographen ab, so spricht man bei diesen Linien von den Feldlinien der entsprechenden Felder.

Ein räumlich abgeschlossenes System, bei dem eine gegenseitige Wechselwirkung eines elektrischen und eines magnetischen Wechselfeldes besteht, baut auf einem

J. von Stackelberg, *Die Masse eines Photons,*
https://doi.org/10.1007/978-3-658-33665-3_4

grafischen System auf, bei dem die Feldlinien der elektrischen und korrespondierenden magnetischen Felder jeweils eine Wendel bilden mit einer 45-Grad-Steigung und einem Versatz des elektrischen und des magnetischen Feldes um 180° (Abb. 4.1 und 4.2).

Beschrieben wird dieses System durch die nachfolgenden Gleichungen.

Der Ortsvektor der Feldlinie des elektrischen Feldes hat den Ausdruck:

$$\overrightarrow{W_e} = \begin{pmatrix} x_e \\ y_e \\ z_e \end{pmatrix} = \begin{pmatrix} r \cdot \cos \alpha \\ r \cdot \sin \alpha \\ r \cdot \alpha \end{pmatrix} \tag{4.1}$$

Der Ortsvektor der Feldlinie des magnetischen Feldes beinhaltet die Phasenlage mit 180° Verschiebung auf dem Grundkreis:

$$\overrightarrow{W_m} = \begin{pmatrix} x_m \\ y_m \\ z_m \end{pmatrix} = \begin{pmatrix} r \cdot \cos(\alpha + 180) \\ r \cdot \sin(\alpha + 180 \\ r \cdot \alpha \end{pmatrix} \tag{4.2}$$

$$\overrightarrow{W_m} = \begin{pmatrix} x_m \\ y_m \\ z_m \end{pmatrix} = \begin{pmatrix} -r \cdot \cos \alpha \\ -r \cdot \sin \alpha \\ r \cdot \alpha \end{pmatrix} \tag{4.3}$$

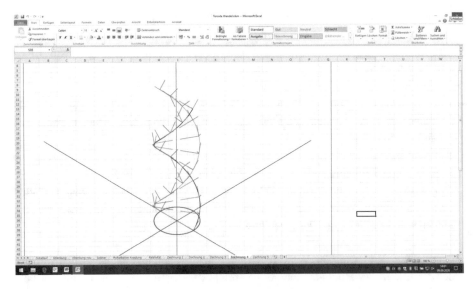

Abb. 4.1 Isometrische Darstellung zweier sich umschlingender Wendeln mit dem Grundkreis (liegt auf den Koordinatenachsen); an beiden Wendeln werden in regelmäßigen Abständen die zu den Wendeln gehörigen Tangentenvektoren (Ortsvektoren der Feldlinien), bezogen auf den jeweiligen Entstehungspunkt, sowie die Normalen- und Binormalenvektoren gezeigt

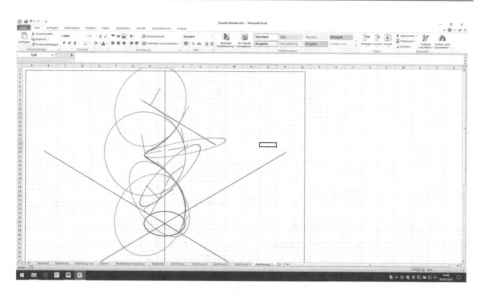

Abb. 4.2 Isometrische Darstellung zweier sich umschlingender Wendeln; legt man um den Tangentenvektor der einen Wendel einen Kreis des Radius des Abstandes der beiden Wendeln, so bildet der Tangentenvektor der anderen Wendel gerade den Tangentenvektor für den Kreis, so wie der Zusammenhang zwischen elektrischen und magnetischen Feldern durch die maxwell'schen Gleichungen beschrieben wird

Diese beiden Wendeln bilden die Hodographen der Vektorfelder für die elektrischen und magnetischen Felder. Die Vektoren sind letztendlich die Tangentenvektoren der Wendeln.

Die Tangentenvektoren können durch die Ableitung nach α errechnet werden:

$$\vec{T_e} = \frac{d}{d\alpha}\begin{pmatrix} x_e \\ y_e \\ z_e \end{pmatrix} = \frac{d}{d\alpha}\begin{pmatrix} r \cdot \cos\alpha \\ r \cdot \sin\alpha \\ r \cdot \alpha \end{pmatrix} = r \cdot \begin{pmatrix} -\sin\alpha \\ \cos\alpha \\ 1 \end{pmatrix} \tag{4.4}$$

$$\vec{T_m} = \frac{d}{d\alpha}\begin{pmatrix} x_m \\ y_m \\ z_m \end{pmatrix} = \frac{d}{d\alpha}\begin{pmatrix} -r \cdot \cos\alpha \\ -r \cdot \sin\alpha \\ r \cdot \alpha \end{pmatrix} = r \cdot \begin{pmatrix} \sin\alpha \\ -\cos\alpha \\ 1 \end{pmatrix} \tag{4.5}$$

Für die Berechnung des begleitenden Dreibeins der Wendeln müssen noch die beiden Normalenvektoren ermittelt werden. Die Normalenvektoren können aus dem Ortsvektor der Punkte der Wendel und die über den jeweiligen Winkel α verknüpfte z-Koordinate berechnet werden:

$$\vec{N} = \vec{Z} - \vec{W} \tag{4.6}$$

$$\vec{N_e} = \begin{pmatrix} 0 \\ 0 \\ r \cdot \alpha \end{pmatrix} - \begin{pmatrix} r \cdot \cos\alpha \\ r \cdot \sin\alpha \\ r \cdot \alpha \end{pmatrix} \tag{4.7}$$

$$\vec{N_e} = \begin{pmatrix} -r \cdot \cos\alpha \\ -r \cdot \sin\alpha \\ 0 \end{pmatrix} \tag{4.8}$$

$$\vec{N_m} = \begin{pmatrix} 0 \\ 0 \\ r \cdot \alpha \end{pmatrix} - \begin{pmatrix} -r \cdot \cos\alpha \\ -r \cdot \sin\alpha \\ r \cdot \alpha \end{pmatrix} \tag{4.9}$$

$$\vec{N_m} = \begin{pmatrix} r \cdot \cos\alpha \\ r \cdot \sin\alpha \\ 0 \end{pmatrix} \tag{4.10}$$

Aus den Tangenten- und den Normalenvektoren können mithilfe des Kreuzproduktes die Binormalenvektoren berechnet werden:

$$\vec{B} = \vec{T} \times \vec{N} \tag{4.11}$$

$$\vec{B_e} = \vec{T_e} \times \vec{N_e} \tag{4.12}$$

$$\vec{B_e} = r \cdot \begin{pmatrix} -\sin\alpha \\ \cos\alpha \\ 1 \end{pmatrix} \times \begin{pmatrix} -r \cdot \cos\alpha \\ -r \cdot \sin\alpha \\ 0 \end{pmatrix} \tag{4.13}$$

$$\vec{B_e} = r^2 \cdot \begin{pmatrix} -\sin\alpha \\ \cos\alpha \\ 1 \end{pmatrix} \times \begin{pmatrix} -\cos\alpha \\ -\sin\alpha \\ 0 \end{pmatrix} \tag{4.14}$$

$$\vec{B_e} = r^2 \cdot \begin{pmatrix} \sin\alpha \\ -\cos\alpha \\ 1 \end{pmatrix} \tag{4.15}$$

$$\vec{B_m} = \vec{T_m} \times \vec{N_m} \tag{4.16}$$

$$\vec{B_m} = r \cdot \begin{pmatrix} \sin\alpha \\ -\cos\alpha \\ 1 \end{pmatrix} \times \begin{pmatrix} r \cdot \cos\alpha \\ r \cdot \sin\alpha \\ 0 \end{pmatrix} \tag{4.17}$$

$$\vec{B_m} = r^2 \cdot \begin{pmatrix} \sin\alpha \\ -\cos\alpha \\ 1 \end{pmatrix} \times \begin{pmatrix} \cos\alpha \\ \sin\alpha \\ 0 \end{pmatrix} \tag{4.18}$$

$$\vec{B_m} = r^2 \cdot \begin{pmatrix} -\sin\alpha \\ \cos\alpha \\ 1 \end{pmatrix} \tag{4.19}$$

Wie in Abschn. 4.1.5 gezeigt wird, funktioniert die Rotationsfunktion nicht allgemein im dreidimensionalen Raum. Daher muss die Überlegung, ob die beiden Toroiden Wendeln der Struktur elektrischer und magnetischer Felder zueinander entsprechen, Schritt für Schritt erfolgen.

Der Tangentenvektor der einen Wendel und der Binormalenvektor der zweiten Wendel stehen so zueinander wie elektrische und magnetische Felder: Das eine bildet konzentrische Kreise um das andere, wobei der Normalenvektor der konzentrischen Kreise durch den Binormalenvektor der gegenüber stehenden Wendel dargestellt wird und immer nur für einen Punkt auf der Wendel gültig ist.

Der Tangentenvektor der einen Wendel und der Binormalenvektor der anderen Wendel müssen für diesen Zweck parallel liegen:

$$\vec{T_e} = r \cdot \begin{pmatrix} -\sin\alpha \\ \cos\alpha \\ 1 \end{pmatrix} \tag{4.20}$$

$$\vec{B_m} = r^2 \cdot \begin{pmatrix} -\sin\alpha \\ \cos\alpha \\ 1 \end{pmatrix} \tag{4.21}$$

$$\vec{T_m} = r \cdot \begin{pmatrix} \sin\alpha \\ -\cos\alpha \\ 1 \end{pmatrix} \tag{4.22}$$

$$\vec{B_e} = r^2 \cdot \begin{pmatrix} \sin\alpha \\ -\cos\alpha \\ 1 \end{pmatrix} \tag{4.23}$$

Es ist leicht zu erkennen, dass abgesehen von den Längen, die jeweils beiden Vektoren parallel sind. Daraus folgt, dass das magnetische und das elektrische Feld sich gegenseitig ergänzen, wenn sie in Form der beiden vorbeschriebenen Wendeln angeordnet sind.

Zur Verdeutlichung des Zusammenhangs werden die beiden Ortsvektoren für die umschließenden Kreisformen der beiden Wendeln ermittelt.

Die Konstruktion des Kreises um einen Punkt der Wendel mit dem Tangentenvektor der Wendel als Normalenvektor führt über die Parameterform der Ebene, auf der der Kreis liegt, mit dem Normalen- und dem Binormalenvektor des begleitenden Dreibeins als aufspannenden Vektoren für die Ebene.

1. Der Ortsvektor des Wendelpunktes ist der Stützpunkt der Ebene, auf der der Kreis liegt:

$$\vec{W_e} = \begin{pmatrix} r \cdot \cos\alpha \\ r \cdot \sin\alpha \\ r \cdot \alpha \end{pmatrix} \tag{4.24}$$

2. Der Tangentenvektor an dem Wendelpunkt ist der Normalenvektor für die Ebene, auf der der Kreis liegt:

$$\vec{T_e} = \begin{pmatrix} -r \cdot \sin\alpha \\ r \cdot \cos\alpha \\ r \end{pmatrix} \tag{4.25}$$

3. Der Normalenvektor und der Binormalenvektor spannen die Ebene auf, auf der der Kreis liegt:

$$\vec{N_e} = \begin{pmatrix} -r \cdot \cos\alpha \\ -r \cdot \sin\alpha \\ r \end{pmatrix}, \ \vec{N_{en}} = \begin{pmatrix} -\cos\alpha \\ -\sin\alpha \\ 0 \end{pmatrix}, \tag{4.26}$$

$$\vec{B_e} = \begin{pmatrix} r^2 \cdot \sin\alpha \\ -r^2 \cdot \cos\alpha \\ r^2 \end{pmatrix}, \ \vec{B_{en}} = \begin{pmatrix} \sin\alpha \\ -\cos\alpha \\ 1 \end{pmatrix}, \tag{4.27}$$

4. Aus dem Ortsvektor des Stützpunktes, dem Normalenvektor und dem Binormalenvektor kann die Parameterform der Ebene gebildet werden bzw. der Kreis dargestellt, indem für die beiden Parameter Sinus und Cosinus der Laufvariablen gewählt werden. Der Betrag der Summe der beiden Vektoren, multipliziert mit den zugehörigen Parametern, ist gleich dem Radius des Kreises. Der Normalen- und der Binormalenvektor stehen aufeinander senkrecht, demzufolge müssen sie mit dem Cosinus (Normalenvektor) und dem Sinus (Binormalenvektor) der Laufvariablen für den Kreis ϕ multipliziert werden:

Die Parameterform der Ebene:

$$\vec{K_m} = \vec{W_e} + s \cdot \vec{N_{en}} + t \cdot \vec{B_{en}} \tag{4.28}$$

Die Längenbedingung für den Kreisradius:

$$\left| s \cdot \vec{N_{en}} + t \cdot \vec{B_{en}} \right| = r_{Kreis} \tag{4.29}$$

$$\text{I} \quad \vec{K_m} = \vec{W_e} + s \cdot \cos\varphi \cdot \vec{N_{en}} + t \cdot \sin\varphi \cdot \vec{B_{en}} \tag{4.30}$$

$$\text{II} \quad s \cdot \left| \vec{N_{en}} \right| = r_{Kreis} \tag{4.31}$$

$$\text{III} \quad t \cdot \left| \vec{B_{en}} \right| = r_{Kreis} \tag{4.32}$$

$$\text{II} \quad s \cdot \left| \begin{pmatrix} -\cos\alpha \\ -\sin\alpha \\ 0 \end{pmatrix} \right| = 2 \cdot r \tag{4.33}$$

$$\text{III} \quad t \cdot \left| \begin{pmatrix} \sin\alpha \\ -\cos\alpha \\ 1 \end{pmatrix} \right| = 2 \cdot r \tag{4.34}$$

$$\text{II} \quad s = 2 \cdot r \text{ in I} \tag{4.35}$$

$$\text{III} \quad t \cdot \sqrt{1+1} = 2 \cdot r \tag{4.36}$$

$$\text{III} \quad t = \sqrt{\frac{4 \cdot r^2}{2}}$$

$$\text{III} \quad t = \sqrt{2} \cdot r \text{ in I} \tag{4.37}$$

$$\text{I} \quad \overrightarrow{K_m} = \begin{pmatrix} r \cdot \cos\alpha \\ r \cdot \sin\alpha \\ r \cdot \alpha \end{pmatrix} + 2 \cdot r \cdot \cos\varphi \cdot \overrightarrow{N_{en}} + \sqrt{2} \cdot r \cdot \sin\varphi \cdot \overrightarrow{B_{en}} \tag{4.38}$$

$$\text{I} \quad \overrightarrow{K_m} = r \cdot \begin{pmatrix} \cos\alpha \\ \sin\alpha \\ \alpha \end{pmatrix} + 2 \cdot r \cdot \cos\varphi \cdot \begin{pmatrix} -\cos\alpha \\ -\sin\alpha \\ 0 \end{pmatrix} + \sqrt{2} \cdot r \cdot \sin\varphi \cdot \begin{pmatrix} \sin\alpha \\ -\cos\alpha \\ 1 \end{pmatrix} \tag{4.39}$$

Ein entsprechender Ortsvektor für die Kreispunkte der elektrischen Feldlinie ergibt sich analog:

$$\overrightarrow{W_m} = \begin{pmatrix} -r \cdot \cos\alpha \\ -r \cdot \sin\alpha \\ r \cdot \alpha \end{pmatrix} \tag{4.40}$$

$$\overrightarrow{T_m} = r \cdot \begin{pmatrix} \sin\alpha \\ -\cos\alpha \\ 1 \end{pmatrix} \tag{4.41}$$

$$\overrightarrow{N_m} = \begin{pmatrix} r \cdot \cos\alpha \\ r \cdot \sin\alpha \\ 0 \end{pmatrix}, \overrightarrow{N_{mn}} = \begin{pmatrix} \cos\alpha) \\ \sin\alpha \\ 0 \end{pmatrix} \tag{4.42}$$

$$\vec{B_m} = r^2 \cdot \begin{pmatrix} -\sin\alpha \\ \cos\alpha \\ 1 \end{pmatrix}, \vec{B_{mn}} = \begin{pmatrix} -\sin\alpha) \\ \cos\alpha \\ 1 \end{pmatrix} \qquad (4.43)$$

$$\vec{K_e} = r \cdot \begin{pmatrix} -\cos\alpha \\ -\sin\alpha \\ \alpha \end{pmatrix} + 2 \cdot r \cdot \cos\varphi \cdot \begin{pmatrix} \cos\alpha \\ \sin\alpha \\ 0 \end{pmatrix} + \sqrt{2} \cdot r \cdot \sin\varphi \cdot \begin{pmatrix} -\sin\alpha \\ \cos\alpha \\ 1 \end{pmatrix}$$
$$(4.44)$$

Näheres zum Zeitverhalten der beiden Wendeln zueinander ist in Abschn. 4.1 bei den Maxwell'schen Gleichungen beschrieben.

Der von den beiden Graphen umschlossene Zylinder muss nun zum Toroid gebogen werden, um aus einem eindimensional unendlich langen System ein räumlich geschlossenes System zu machen (Abb. 4.3).

Der Ortsvektor der Punkte des Graphen der Wendel um den Toroid kann folgendermaßen beschrieben werden:

$$\begin{pmatrix} x \\ y \\ z \end{pmatrix} = \begin{pmatrix} R \cdot \cos\alpha + r \cdot \cos\alpha \cdot \cos\beta \\ R \cdot \sin\alpha + r \cdot \sin\alpha \cdot \cos\beta \\ r \cdot \sin\beta \end{pmatrix} \qquad (4.45)$$

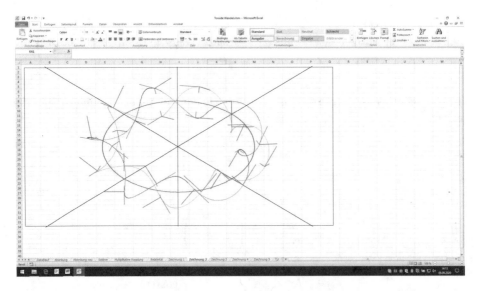

Abb. 4.3 Isometrische Darstellung der zum Toroiden gebogenen ineinander verschlungenen Wendeln mit den angedeuteten Tangenten-, Normalen- und Binormalenvektoren

mit

R   Radius des Trägerkreises für den Toroid
r   Radius des Toroid
α Winkel für den Trägerkreis
β Winkel für den Toroidkreis

Um eine mittlere Steigung von 45° zu erzeugen, müssen das Verhältnis der beiden Radien und das Verhältnis der Entwicklung der beiden Winkel α und β identisch sein:

$$\frac{R}{r} = \frac{\beta}{\alpha} = a. \tag{4.46}$$

Daraus folgt

$$\begin{pmatrix} x \\ y \\ z \end{pmatrix} = \begin{pmatrix} a \cdot r \cdot \cos\alpha + r \cdot \cos\alpha \cdot \cos(a \cdot \alpha) \\ a \cdot r \cdot \sin\alpha + r \cdot \sin\alpha \cdot \cos(a \cdot \alpha) \\ r \cdot \sin(a \cdot \alpha) \end{pmatrix} \tag{4.47}$$

$$\begin{pmatrix} x \\ y \\ z \end{pmatrix} = r \cdot \begin{pmatrix} a \cdot \cos\alpha + \cos\alpha \cdot \cos(a \cdot \alpha) \\ a \cdot \sin\alpha + \sin\alpha \cdot \cos(a \cdot \alpha) \\ \sin(a \cdot \alpha) \end{pmatrix} \tag{4.48}$$

Diese Wendel bildet den Hodographen des Vektorenfeldes für das elektrische bzw. magnetische Feld.

Aus der Funktion des Hodographen kann die Funktion der Vektoren über die Ableitung nach dem Winkel α errechnet werden.

$$\frac{d}{d\alpha} \begin{pmatrix} x \\ y \\ z \end{pmatrix} = r \cdot \frac{d}{d\alpha} \begin{pmatrix} a \cdot \cos\alpha + \cos\alpha \cdot \cos(a \cdot \alpha) \\ a \cdot \sin\alpha + \sin\alpha \cdot \cos(a \cdot \alpha) \\ \sin(a \cdot \alpha) \end{pmatrix} \tag{4.49}$$

Nebenrechnung (siehe auch Bronstein):

$$\frac{d}{d\alpha}(\cos\alpha \cdot \cos(a \cdot \alpha)) = -\sin\alpha \cdot \cos(a \cdot \alpha) - a \cdot \cos\alpha \cdot \sin(a \cdot \alpha) \tag{4.50}$$

$$\frac{d}{d\alpha}(\sin\alpha \cdot \cos(a \cdot \alpha)) = \cos\alpha \cdot \cos(a \cdot \alpha) - a \cdot \sin\alpha \cdot \sin(a \cdot \alpha) \tag{4.51}$$

Ende der Nebenrechnung

$$\frac{d}{d\alpha} \begin{pmatrix} x \\ y \\ z \end{pmatrix} = r \cdot \begin{pmatrix} -a \cdot \sin\alpha - \sin\alpha \cdot \cos(a \cdot \alpha) - a \cdot \cos\alpha \cdot \sin(a \cdot \alpha) \\ a \cdot \cos\alpha + \cos\alpha \cdot \cos(a \cdot \alpha) - a \cdot \sin\alpha \cdot \sin(a \cdot \alpha) \\ a \cdot \cos(a \cdot \alpha) \end{pmatrix} \tag{4.52}$$

Dieser Vektor ist gleichzeitig der Tangentialvektor T.

$$\vec{T} = r \cdot \begin{pmatrix} -a \cdot \sin\alpha - \sin\alpha \cdot \cos(a \cdot \alpha) - a \cdot \cos\alpha \cdot \sin(a \cdot \alpha) \\ a \cdot \cos\alpha + \cos\alpha \cdot \cos(a \cdot \alpha) - a \cdot \sin\alpha \cdot \sin(a \cdot \alpha) \\ a \cdot \cos(a \cdot \alpha) \end{pmatrix} \qquad (4.53)$$

Zur Ermittlung des begleitenden Dreibeins muss noch der Normalenvektor N berechnet werden.

Der Normalenvektor lässt sich in dem Fall der Toroiden Wendel bestimmen aus der Differenz zwischen dem Ortsvektor des Trägerkreises K und dem Ortsvektor der Wendel W für einen bestimmten Winkel α.

$$\vec{K} = \begin{pmatrix} a \cdot r \cdot \cos\alpha \\ a \cdot r \cdot \sin\alpha \\ 0 \end{pmatrix} \qquad (4.54)$$

$$\vec{W} = r \cdot \begin{pmatrix} a \cdot \cos\alpha + \cos\alpha \cdot \cos(a \cdot \alpha) \\ a \cdot \sin\alpha + \sin\alpha \cdot \cos(a \cdot \alpha) \\ \sin(a \cdot \alpha) \end{pmatrix} \qquad (4.55)$$

$$\vec{N} = \vec{K} - \vec{W} \qquad (4.56)$$

$$\vec{N} = \begin{pmatrix} a \cdot r \cdot \cos\alpha \\ a \cdot r \cdot \sin\alpha \\ 0 \end{pmatrix} - r \cdot \begin{pmatrix} a \cdot \cos\alpha + \cos\alpha \cdot \cos(a \cdot \alpha) \\ a \cdot \sin\alpha + \sin\alpha \cdot \cos(a \cdot \alpha) \\ \sin(a \cdot \alpha) \end{pmatrix} \qquad (4.57)$$

$$\vec{N} = r \cdot \begin{pmatrix} a \cdot \cos\alpha - a \cdot \cos\alpha - \cos\alpha \cdot \cos(a \cdot \alpha) \\ a \cdot \sin\alpha - a \cdot \sin\alpha - \sin\alpha \cdot \cos(a \cdot \alpha) \\ -\sin(a \cdot \alpha) \end{pmatrix} \qquad (4.58)$$

$$\vec{N} = r \cdot \begin{pmatrix} -\cos\alpha \cdot \cos(a \cdot \alpha) \\ -\sin\alpha \cdot \cos(a \cdot \alpha) \\ -\sin(a \cdot \alpha) \end{pmatrix} \qquad (4.59)$$

Aus dem Tangentialvektor T und dem Normalenvektor N kann über das Kreuzprodukt aus den beiden Vektoren der Binormalenvektor B errechnet werden.

$$\vec{B} = \vec{T} \times \vec{N} \qquad (4.60)$$

$$\vec{B} = r \cdot \begin{pmatrix} -a \cdot \sin\alpha - \sin\alpha \cdot \cos(a \cdot \alpha) - a \cdot \cos\alpha \cdot \sin(a \cdot \alpha) \\ a \cdot \cos\alpha + \cos\alpha \cdot \cos(a \cdot \alpha) - a \cdot \sin\alpha \cdot \sin(a \cdot \alpha) \\ a \cdot \cos(a \cdot \alpha) \end{pmatrix} \times r \cdot \begin{pmatrix} -\cos\alpha \cdot \cos(a \cdot \alpha) \\ -\sin\alpha \cdot \cos(a \cdot \alpha) \\ -\sin(a \cdot \alpha) \end{pmatrix}$$

$$(4.61)$$

$$\vec{B} = r^2 \cdot \begin{pmatrix} -a \cdot \sin\alpha - \sin\alpha \cdot \cos(a \cdot \alpha) - a \cdot \cos\alpha \cdot \sin(a \cdot \alpha) \\ a \cdot \cos\alpha + \cos\alpha \cdot \cos(a \cdot \alpha) - a \cdot \sin\alpha \cdot \sin(a \cdot \alpha) \\ a \cdot \cos(a \cdot \alpha) \end{pmatrix} \times \begin{pmatrix} -\cos\alpha \cdot \cos(a \cdot \alpha) \\ -\sin\alpha \cdot \cos(a \cdot \alpha) \\ -\sin(a \cdot \alpha) \end{pmatrix}$$

(4.62)

$$\vec{B} = r^2 \cdot \begin{pmatrix} (a \cdot \cos\alpha + \cos\alpha \cdot \cos(a \cdot \alpha) - a \cdot \sin\alpha \cdot \sin(a \cdot \alpha)) \cdot (-\sin(a \cdot \alpha)) \\ -(-\sin\alpha \cdot \cos(a \cdot \alpha)) \cdot (a \cdot \cos(a \cdot \alpha)) \\ (a \cdot \cos(a \cdot \alpha)) \cdot (-\cos\alpha \cdot \cos(a \cdot \alpha)) \\ -(-\sin(a \cdot \alpha)) \cdot (-a \cdot \sin\alpha - \sin\alpha \cdot \cos(a \cdot \alpha) - a \cdot \cos\alpha \cdot \sin(a \cdot \alpha)) \\ (-a \cdot \sin\alpha - \sin\alpha \cdot \cos(a \cdot \alpha) - a \cdot \cos\alpha \cdot \sin(a \cdot \alpha)) \cdot (-\sin\alpha \cdot \cos(a \cdot \alpha)) \\ -(-\cos\alpha \cdot \cos(a \cdot \alpha)) \cdot (a \cdot \cos\alpha + \cos\alpha \cdot \cos(a \cdot \alpha) - a \cdot \sin\alpha \cdot \sin(a \cdot \alpha)) \end{pmatrix}$$

(4.63)

$$\vec{B} = r^2 \cdot \begin{pmatrix} (a \cdot \cos\alpha \cdot (-\sin(a \cdot \alpha)) + \cos\alpha \cdot \cos(a \cdot \alpha) \cdot (-\sin(a \cdot \alpha)) - a \cdot \sin\alpha \cdot \sin(a \cdot \alpha) \cdot (-\sin(a \cdot \alpha))) \\ -(-\sin\alpha \cdot \cos(a \cdot \alpha)) \cdot (a \cdot \cos(a \cdot \alpha)) \\ (a \cdot \cos(a \cdot \alpha)) \cdot (-\cos\alpha \cdot \cos(a \cdot \alpha)) \\ -(-a \cdot \sin\alpha \cdot (-\sin(a \cdot \alpha)) - \sin\alpha \cdot \cos(a \cdot \alpha) \cdot (-\sin(a \cdot \alpha)) - a \cdot \cos\alpha \cdot \sin(a \cdot \alpha) \cdot (-\sin(a \cdot \alpha))) \\ \begin{pmatrix} -a \cdot \sin\alpha \cdot (-\sin\alpha \cdot \cos(a \cdot \alpha)) \\ -\sin\alpha \cdot \cos(a \cdot \alpha) \cdot (-\sin\alpha \cdot \cos(a \cdot \alpha)) \\ -a \cdot \cos\alpha \cdot \sin(a \cdot \alpha) \cdot (-\sin\alpha \cdot \cos(a \cdot \alpha)) \end{pmatrix} \\ + \begin{pmatrix} a \cdot \cos\alpha \cdot \cos(a \cdot \alpha) \cdot \cos\alpha + \cos\alpha \cdot \cos(a \cdot \alpha) \cdot \cos\alpha \cdot \cos(a \cdot \alpha) \\ -a \cdot \cos\alpha \cdot \cos(a \cdot \alpha) \cdot \sin\alpha \cdot \sin(a \cdot \alpha) \end{pmatrix} \end{pmatrix}$$

(4.64)

$$\vec{B} = r^2 \cdot \begin{pmatrix} -\cos\alpha \cdot \sin(a \cdot \alpha) \cdot \cos(a \cdot \alpha) + a \cdot \sin\alpha - a \cdot \cos\alpha \cdot \sin(a \cdot \alpha) \\ -\sin\alpha \cdot \sin(a \cdot \alpha) \cdot \cos(a \cdot \alpha) - a \cdot \cos\alpha - a \cdot \sin\alpha \cdot \sin(a \cdot \alpha) \\ \cos(a \cdot \alpha) \cdot \cos(a \cdot \alpha) + a \cdot \cos(a \cdot \alpha) \end{pmatrix}$$

(4.65)

Eine zweite Wendel umschlingt den Toroid in einem Phasenwinkel von 180°, bezogen auf die Umschlingung. Wenn die erste Wendel folgendermaßen beschrieben wird:

$$\vec{W_1} = r \cdot \begin{pmatrix} a \cdot \cos\alpha + \cos\alpha \cdot \cos(a \cdot \alpha) \\ a \cdot \sin\alpha + \sin\alpha \cdot \cos(a \cdot \alpha) \\ \sin(a \cdot \alpha) \end{pmatrix},$$

(4.66)

dann wird die zweite Wendel so beschrieben:

$$\vec{W_2} = r \cdot \begin{pmatrix} a \cdot \cos\alpha + \cos\alpha \cdot \cos(a \cdot \alpha + \pi) \\ a \cdot \sin\alpha + \sin\alpha \cdot \cos(a \cdot \alpha + \pi) \\ \sin(a \cdot \alpha + \pi) \end{pmatrix}$$

(4.67)

$$\vec{W_2} = r \cdot \begin{pmatrix} a \cdot \cos\alpha + \cos\alpha \cdot (\cos(a \cdot \alpha) \cdot \cos\pi - \sin(a \cdot \alpha) \cdot \sin\pi) \\ a \cdot \sin\alpha + \sin\alpha \cdot (\cos(a \cdot \alpha) \cdot \cos\pi - \sin(a \cdot \alpha) \cdot \sin\pi) \\ (\sin(a \cdot \alpha) \cdot \cos\pi + \cos(a \cdot \alpha) \cdot \sin\pi) \end{pmatrix} \tag{4.68}$$

$$\vec{W_2} = r \cdot \begin{pmatrix} a \cdot \cos\alpha - \cos\alpha \cdot \cos(a \cdot \alpha) \\ a \cdot \sin\alpha - \sin\alpha \cdot \cos(a \cdot \alpha) \\ - \sin(a \cdot \alpha) \end{pmatrix} \tag{4.69}$$

Aus dieser Wendelfunktion lässt sich über die Ableitung nach α die Tangente errechnen:

$$\vec{T_2} = r \cdot \frac{d}{d\alpha} \begin{pmatrix} a \cdot \cos\alpha - \cos\alpha \cdot \cos(a \cdot \alpha) \\ a \cdot \sin\alpha - \sin\alpha \cdot \cos(a \cdot \alpha) \\ - \sin(a \cdot \alpha) \end{pmatrix} \tag{4.70}$$

$$\vec{T_2} = r \cdot \begin{pmatrix} -a \cdot \sin\alpha + \sin\alpha \cdot \cos(a \cdot \alpha) + a \cdot \cos\alpha \cdot \sin(a \cdot \alpha) \\ a \cdot \cos\alpha - \cos\alpha \cdot \cos(a \cdot \alpha) + a \cdot \sin\alpha \cdot \sin(a \cdot \alpha) \\ -a \cdot \cos(a \cdot \alpha) \end{pmatrix} \tag{4.71}$$

Der Normalenvektor für die zweite Wendel kann entsprechend desjenigen für die erste Wendel berechnet werden:

$$\vec{N_2} = \vec{K} - \vec{W_2} \tag{4.72}$$

$$\vec{N_2} = r \cdot \begin{pmatrix} a \cdot \cos\alpha \\ a \cdot \sin\alpha \\ 0 \end{pmatrix} - r \cdot \begin{pmatrix} a \cdot \cos\alpha - \cos\alpha \cdot \cos(a \cdot \alpha) \\ a \cdot \sin\alpha - \sin\alpha \cdot \cos(a \cdot \alpha) \\ - \sin(a \cdot \alpha) \end{pmatrix} \tag{4.73}$$

$$\vec{N_2} = r \cdot \begin{pmatrix} a \cdot \cos\alpha - a \cdot \cos\alpha + \cos\alpha \cdot \cos(a \cdot \alpha) \\ a \cdot \sin\alpha - a \cdot \sin\alpha + \sin\alpha \cdot \cos(a \cdot \alpha) \\ \sin(a \cdot \alpha) \end{pmatrix} \tag{4.74}$$

Aus Tangentenvektor und Normalenvektor wird der Binormalenvektor berechnet.

$$\vec{B_2} = \vec{T_2} \times \vec{N_2} \tag{4.75}$$

$$\vec{B_2} = r \cdot \begin{pmatrix} -a \cdot \sin\alpha + \sin\alpha \cdot \cos(a \cdot \alpha) + a \cdot \cos\alpha \cdot \sin(a \cdot \alpha) \\ a \cdot \cos\alpha - \cos\alpha \cdot \cos(a \cdot \alpha) + a \cdot \sin\alpha \cdot \sin(a \cdot \alpha) \\ -a \cdot \cos(a \cdot \alpha) \end{pmatrix} \times r \cdot \begin{pmatrix} a \cdot \cos\alpha - a \cdot \cos\alpha + \cos\alpha \cdot \cos(a \cdot \alpha) \\ a \cdot \sin\alpha - a \cdot \sin\alpha + \sin\alpha \cdot \cos(a \cdot \alpha) \\ \sin(a \cdot \alpha) \end{pmatrix} \tag{4.76a}$$

$$\vec{B_2} = r^2 \cdot \left(\begin{pmatrix} -a \cdot \sin\alpha + \sin\alpha \cdot \cos(a \cdot \alpha) + a \cdot \cos\alpha \cdot \sin(a \cdot \alpha) \\ a \cdot \cos\alpha - \cos\alpha \cdot \cos(a \cdot \alpha) + a \cdot \sin\alpha \cdot \sin(a \cdot \alpha) \\ -a \cdot \cos(a \cdot \alpha) \end{pmatrix} \times \begin{pmatrix} a \cdot \cos\alpha - a \cdot \cos\alpha + \cos\alpha \cdot \cos(a \cdot \alpha) \\ a \cdot \sin\alpha - a \cdot \sin\alpha + \sin\alpha \cdot \cos(a \cdot \alpha) \\ \sin(a \cdot \alpha) \end{pmatrix} \right) \tag{4.76b}$$

$$\vec{B_2} = r^2 \cdot \begin{pmatrix} (a \cdot \cos\alpha - \cos\alpha \cdot \cos(a \cdot \alpha) + a \cdot \sin\alpha \cdot \sin(a \cdot \alpha)) \cdot (\sin(a \cdot \alpha)) \\ -(a \cdot \sin\alpha - a \cdot \sin\alpha + \sin\alpha \cdot \cos(a \cdot \alpha)) \cdot (-a \cdot \cos(a \cdot \alpha)) \\ (-a \cdot \cos(a \cdot \alpha)) \cdot (a \cdot \cos\alpha - a \cdot \cos\alpha + \cos\alpha \cdot \cos(a \cdot \alpha)) \\ -(\sin(a \cdot \alpha)) \cdot (-a \cdot \sin\alpha + \sin\alpha \cdot \cos(a \cdot \alpha) + a \cdot \cos\alpha \cdot \sin(a \cdot \alpha)) \\ (-a \cdot \sin\alpha + \sin\alpha \cdot \cos(a \cdot \alpha) + a \cdot \cos\alpha \cdot \sin(a \cdot \alpha)) \cdot (a \cdot \sin\alpha - a \cdot \sin\alpha + \sin\alpha \cdot \cos(a \cdot \alpha)) \\ -(a \cdot \cos\alpha - a \cdot \cos\alpha + \cos\alpha \cdot \cos(a \cdot \alpha)) \cdot (a \cdot \cos\alpha - \cos\alpha \cdot \cos(a \cdot \alpha) + a \cdot \sin\alpha \cdot \sin(a \cdot \alpha)) \end{pmatrix}$$

$$(4.77)$$

$$\vec{B_2} = r^2 \cdot \begin{pmatrix} (a \cdot \cos\alpha \cdot (\sin(a \cdot \alpha)) - \cos\alpha \cdot \cos(a \cdot \alpha) \cdot (\sin(a \cdot \alpha)) + a \cdot \sin\alpha \cdot (\sin(a \cdot \alpha)) \cdot \sin(a \cdot \alpha)) \\ -(a \cdot \sin\alpha \cdot (-a \cdot \cos(a \cdot \alpha)) - a \cdot \sin\alpha \cdot (-a \cdot \cos(a \cdot \alpha)) + \sin\alpha \cdot \cos(a \cdot \alpha) \cdot (-a \cdot \cos(a \cdot \alpha))) \\ ((-a \cdot \cos(a \cdot \alpha)) \cdot a \cdot \cos\alpha - (-a \cdot \cos(a \cdot \alpha)) \cdot a \cdot \cos\alpha + (-a \cdot \cos(a \cdot \alpha)) \cdot \cos\alpha \cdot \cos(a \cdot \alpha)) \\ -(-(\sin(a \cdot \alpha)) \cdot a \cdot \sin\alpha + \sin\alpha \cdot (\sin(a \cdot \alpha)) \cdot \cos(a \cdot \alpha) + a \cdot (\sin(a \cdot \alpha)) \cdot \cos\alpha \cdot \sin(a \cdot \alpha)) \\ \begin{pmatrix} -a \cdot \sin\alpha \cdot (a \cdot \sin\alpha - a \cdot \sin\alpha + \sin\alpha \cdot \cos(a \cdot \alpha)) \\ +\sin\alpha \cdot \cos(a \cdot \alpha) \cdot (a \cdot \sin\alpha - a \cdot \sin\alpha + \sin\alpha \cdot \cos(a \cdot \alpha)) \\ +a \cdot \cos\alpha \cdot \sin(a \cdot \alpha) \cdot (a \cdot \sin\alpha - a \cdot \sin\alpha + \sin\alpha \cdot \cos(a \cdot \alpha)) \end{pmatrix} \\ -\begin{pmatrix} a \cdot \cos\alpha \cdot (a \cdot \cos\alpha - \cos\alpha \cdot \cos(a \cdot \alpha) + a \cdot \sin\alpha \cdot \sin(a \cdot \alpha)) \\ -a \cdot \cos\alpha \cdot (a \cdot \cos\alpha - \cos\alpha \cdot \cos(a \cdot \alpha) + a \cdot \sin\alpha \cdot \sin(a \cdot \alpha)) \\ +\cos\alpha \cdot \cos(a \cdot \alpha) \cdot (a \cdot \cos\alpha - \cos\alpha \cdot \cos(a \cdot \alpha) + a \cdot \sin\alpha \cdot \sin(a \cdot \alpha)) \end{pmatrix} \end{pmatrix}$$

$$(4.78)$$

$$\vec{B_2} = r^2 \cdot \begin{pmatrix} -\cos\alpha \cdot \sin(a \cdot \alpha) \cdot \cos(a \cdot \alpha) + a \cdot \sin\alpha + a \cdot \cos\alpha \cdot \sin(a \cdot \alpha) \\ -\sin\alpha \cdot \sin(a \cdot \alpha) \cdot \cos(a \cdot \alpha) - a \cdot \cos\alpha + a \cdot \sin\alpha \cdot \sin(a \cdot \alpha) \\ \cos(a \cdot \alpha) \cdot \cos(a \cdot \alpha) - a \cdot \cos(a \cdot \alpha) \end{pmatrix}$$

$$(4.79)$$

Aus dem elektrischen bzw. magnetischen Vektorfeld vorbeschriebener Form kann nur ein magnetisches bzw. elektrisches Feld entsprechender Form entstehen, wenn das vorbeschriebene Feld sich über die Zeit ändert.

$$\frac{d}{d\alpha} \begin{pmatrix} x \\ y \\ z \end{pmatrix} = r \cdot \begin{pmatrix} -a \cdot \sin\alpha - \sin\alpha \cdot \cos(a \cdot \alpha) - a \cdot \cos\alpha \cdot \sin(a \cdot \alpha) \\ a \cdot \cos\alpha + \cos\alpha \cdot \cos(a \cdot \alpha) - a \cdot \sin\alpha \cdot \sin(a \cdot \alpha) \\ a \cdot \cos(a \cdot \alpha) \end{pmatrix} \cdot \sin(\omega \cdot t)$$

$$(4.80)$$

Die zeitliche Änderung und auf diese Weise Oszillation erfolgt dadurch, dass über die zeitliche Abfolge der zeitlich sich ändernden elektrischen Feldstärke, die in eine zeitlich sich ändernde elektrische Verschiebungsdichte mündet, welche hinwiederum eine zeitlich sich ändernde magnetische Feldstärke erzeugt, die in eine zeitlich sich ändernde

magnetische Flussdichte übergeht, deren zeitliche Änderung schließlich wieder eine zeitlich sich ändernde elektrische Feldstärke erzeugt. Die zeitlichen Versätze zwischen den
einzelnen Stufen und die Phasendrehung um 180° drücken in Summe die Periodendauer
dieser Eigenresonanz aus.

Die eingangs beschriebene Form der beiden einen Zylinder umschlingenden Wendeln
mit der Steigung von 45°, die die Feldlinien des elektrischen und magnetischen Feldes
repräsentieren und die durch die Maxwellschen Gleichungen beschriebenen Eigenschaften erfüllen, erfüllen diese Eigenschaften nicht mehr, wenn der Zylinder zu einem
Toroid gebogen wird.

Auf der Außenseite des Toroids werden die Feldlinien steiler, auf der Innenseite
flacher, d. h., die beiden einander gegenüber stehenden Vektoren als Repräsentanten des
jeweils elektrischen bzw. magnetischen Feldes haben einen Winkel $\vartheta \neq 90°$ zueinander.

Aus diesem abweichenden Winkel entsteht ein Potenzial, das an dem Toroiden zwei
weitere Schwingungen verursacht:

- Die laterale Schwingung (quer zum Trägerkreis des Toroid) führt zu einem elektromagnetischen Wechselfeld im Außenverhältnis, welches die Ursache für die
  Gravitationskraft ist.
- die longitudinale Schwingung (in Richtung des Trägerkreises des Toroid) führt
  im Mittel zu einem elektrischen Gleichfeld, das nach außen entweder positiv
  oder negativ auftritt und die Ursache für die elektrische Ladung ist, wenn die
  Schwingungsamplitude groß genug ist.

Der Abweichungswinkel γ kann aus jeweils einem Tangentenwinkel und dem negativen
Binormalenwinkel des korrespondierenden anderen Dreibeins berechnet werden, also T_1
und $-B_2$ oder T_2 und $-B_1$.

$$\cos \gamma = \frac{\vec{T_1} \cdot \left(-\vec{B_2}\right)}{\left|\vec{T_1}\right|\left|\left(-\vec{B_2}\right)\right|} \tag{4.81}$$

$$\gamma = \arccos \frac{\vec{T_1} \cdot \left(-\vec{B_2}\right)}{\left|\vec{T_1}\right|\left|\left(-\vec{B_2}\right)\right|} \tag{4.82}$$

$$\gamma = \arccos \frac{r \cdot \begin{pmatrix} -a \cdot \sin\alpha - \sin\alpha \cdot \cos(a \cdot \alpha) - a \cdot \cos\alpha \cdot \sin(a \cdot \alpha) \\ a \cdot \cos\alpha + \cos\alpha \cdot \cos(a \cdot \alpha) - a \cdot \sin\alpha \cdot \sin(a \cdot \alpha) \\ a \cdot \cos(a \cdot \alpha) \end{pmatrix} \cdot r^2 \cdot (-1) \cdot \begin{pmatrix} -\cos\alpha \cdot \sin(a \cdot \alpha) \cdot \cos(a \cdot \alpha) + a \cdot \sin\alpha + a \cdot \cos\alpha \cdot \sin(a \cdot \alpha) \\ -\sin\alpha \cdot \sin(a \cdot \alpha) \cdot \cos(a \cdot \alpha) - a \cdot \cos\alpha + a \cdot \sin\alpha \cdot \sin(a \cdot \alpha) \\ \cos(a \cdot \alpha) \cdot \cos(a \cdot \alpha) - a \cdot \cos(a \cdot \alpha) \end{pmatrix}}{\left| r \cdot \begin{pmatrix} -a \cdot \sin\alpha - \sin\alpha \cdot \cos(a \cdot \alpha) - a \cdot \cos\alpha \cdot \sin(a \cdot \alpha) \\ a \cdot \cos\alpha + \cos\alpha \cdot \cos(a \cdot \alpha) - a \cdot \sin\alpha \cdot \sin(a \cdot \alpha) \\ a \cdot \cos(a \cdot \alpha) \end{pmatrix} \right| \cdot \left| r^2 \cdot (-1) \cdot \begin{pmatrix} -\cos\alpha \cdot \sin(a \cdot \alpha) \cdot \cos(a \cdot \alpha) + a \cdot \sin\alpha + a \cdot \cos\alpha \cdot \sin(a \cdot \alpha) \\ -\sin\alpha \cdot \sin(a \cdot \alpha) \cdot \cos(a \cdot \alpha) - a \cdot \cos\alpha + a \cdot \sin\alpha \cdot \sin(a \cdot \alpha) \\ \cos(a \cdot \alpha) \cdot \cos(a \cdot \alpha) - a \cdot \cos(a \cdot \alpha) \end{pmatrix} \right|}$$

$$(4.83)$$

$$\gamma = \arccos \frac{\begin{pmatrix} -a \cdot \sin\alpha - \sin\alpha \cdot \cos(a \cdot \alpha) - a \cdot \cos\alpha \cdot \sin(a \cdot \alpha) \\ a \cdot \cos\alpha + \cos\alpha \cdot \cos(a \cdot \alpha) - a \cdot \sin\alpha \cdot \sin(a \cdot \alpha) \\ a \cdot \cos(a \cdot \alpha) \end{pmatrix} \cdot \begin{pmatrix} \cos\alpha \cdot \sin(a \cdot \alpha) \cdot \cos(a \cdot \alpha) - a \cdot \sin\alpha - a \cdot \cos\alpha \cdot \sin(a \cdot \alpha) \\ \sin\alpha \cdot \sin(a \cdot \alpha) \cdot \cos(a \cdot \alpha) + a \cdot \cos\alpha - a \cdot \sin\alpha \cdot \sin(a \cdot \alpha) \\ -\cos(a \cdot \alpha) \cdot \cos(a \cdot \alpha) + a \cdot \cos(a \cdot \alpha) \end{pmatrix}}{\left| \begin{pmatrix} -a \cdot \sin\alpha - \sin\alpha \cdot \cos(a \cdot \alpha) - a \cdot \cos\alpha \cdot \sin(a \cdot \alpha) \\ a \cdot \cos\alpha + \cos\alpha \cdot \cos(a \cdot \alpha) - a \cdot \sin\alpha \cdot \sin(a \cdot \alpha) \\ a \cdot \cos(a \cdot \alpha) \end{pmatrix} \right| \cdot \left| \begin{pmatrix} \cos\alpha \cdot \sin(a \cdot \alpha) \cdot \cos(a \cdot \alpha) - a \cdot \sin\alpha - a \cdot \cos\alpha \cdot \sin(a \cdot \alpha) \\ \sin\alpha \cdot \sin(a \cdot \alpha) \cdot \cos(a \cdot \alpha) + a \cdot \cos\alpha - a \cdot \sin\alpha \cdot \sin(a \cdot \alpha) \\ -\cos(a \cdot \alpha) \cdot \cos(a \cdot \alpha) + a \cdot \cos(a \cdot \alpha) \end{pmatrix} \right|}$$

$$(4.84)$$

$$\gamma = \arccos \cfrac{\begin{aligned}&(-a \cdot \sin\alpha - \sin\alpha \cdot \cos(a \cdot \alpha) - a \cdot \cos\alpha \cdot \sin(a \cdot \alpha))\\&\cdot(\cos\alpha \cdot \sin(a \cdot \alpha) \cdot \cos(a \cdot \alpha) - a \cdot \sin\alpha - a \cdot \cos\alpha \cdot \sin(a \cdot \alpha))\\&+(a \cdot \cos\alpha + \cos\alpha \cdot \cos(a \cdot \alpha) - a \cdot \sin\alpha \cdot \sin(a \cdot \alpha))\\&\cdot(\sin\alpha \cdot \sin(a \cdot \alpha) \cdot \cos(a \cdot \alpha) + a \cdot \cos\alpha - a \cdot \sin\alpha \cdot \sin(a \cdot \alpha))\\&+(a \cdot \cos(a \cdot \alpha)) \cdot (-\cos(a \cdot \alpha) \cdot \cos(a \cdot \alpha) + a \cdot \cos(a \cdot \alpha))\end{aligned}}{\sqrt{\begin{aligned}&(-a \cdot \sin\alpha - \sin\alpha \cdot \cos(a \cdot \alpha) - a \cdot \cos\alpha \cdot \sin(a \cdot \alpha))\\&\cdot(-a \cdot \sin\alpha - \sin\alpha \cdot \cos(a \cdot \alpha) - a \cdot \cos\alpha \cdot \sin(a \cdot \alpha))\\&+(a \cdot \cos\alpha + \cos\alpha \cdot \cos(a \cdot \alpha) - a \cdot \sin\alpha \cdot \sin(a \cdot \alpha))\\&\cdot(a \cdot \cos\alpha + \cos\alpha \cdot \cos(a \cdot \alpha) - a \cdot \sin\alpha \cdot \sin(a \cdot \alpha))\\&+(a \cdot \cos(a \cdot \alpha)) \cdot (a \cdot \cos(a \cdot \alpha))\end{aligned}} \cdot \sqrt{\begin{aligned}&(\cos\alpha \cdot \sin(a \cdot \alpha) \cdot \cos(a \cdot \alpha) - a \cdot \sin\alpha - a \cdot \cos\alpha \cdot \sin(a \cdot \alpha))\\&\cdot(\cos\alpha \cdot \sin(a \cdot \alpha) \cdot \cos(a \cdot \alpha) - a \cdot \sin\alpha - a \cdot \cos\alpha \cdot \sin(a \cdot \alpha))\\&+(\sin\alpha \cdot \sin(a \cdot \alpha) \cdot \cos(a \cdot \alpha) + a \cdot \cos\alpha - a \cdot \sin\alpha \cdot \sin(a \cdot \alpha))\\&\cdot(\sin\alpha \cdot \sin(a \cdot \alpha) \cdot \cos(a \cdot \alpha) + a \cdot \cos\alpha - a \cdot \sin\alpha \cdot \sin(a \cdot \alpha))\\&+(-\cos(a \cdot \alpha) \cdot \cos(a \cdot \alpha) + a \cdot \cos(a \cdot \alpha)) \cdot (-\cos(a \cdot \alpha) \cdot \cos(a \cdot \alpha) + a \cdot \cos(a \cdot \alpha))\end{aligned}}}$$

$$(4.85)$$

$$\begin{aligned}
&(-a \cdot \sin\alpha - \sin\alpha \cdot \cos(a \cdot \alpha) - a \cdot \cos\alpha \cdot \sin(a \cdot \alpha))\\
&\cdot(\cos\alpha \cdot \sin(a \cdot \alpha) \cdot \cos(a \cdot \alpha) - a \cdot \sin\alpha - a \cdot \cos\alpha \cdot \sin(a \cdot \alpha))\\
&+(a \cdot \cos\alpha + \cos\alpha \cdot \cos(a \cdot \alpha) - a \cdot \sin\alpha \cdot \sin(a \cdot \alpha))\\
&\cdot(\sin\alpha \cdot \sin(a \cdot \alpha) \cdot \cos(a \cdot \alpha) + a \cdot \cos\alpha - a \cdot \sin\alpha \cdot \sin(a \cdot \alpha))\\
&+(a \cdot \cos(a \cdot \alpha)) \cdot (-\cos(a \cdot \alpha) \cdot \cos(a \cdot \alpha) + a \cdot \cos(a \cdot \alpha)) =
\end{aligned}$$

$$(4.86a)$$

$$= \begin{pmatrix}
(-a \cdot \sin\alpha - \sin\alpha \cdot \cos(a \cdot \alpha) - a \cdot \cos\alpha \cdot \sin(a \cdot \alpha)) \cdot \cos\alpha \cdot \sin(a \cdot \alpha) \cdot \cos(a \cdot \alpha)\\
-(-a \cdot \sin\alpha - \sin\alpha \cdot \cos(a \cdot \alpha) - a \cdot \cos\alpha \cdot \sin(a \cdot \alpha)) \cdot a \cdot \sin\alpha\\
-(-a \cdot \sin\alpha - \sin\alpha \cdot \cos(a \cdot \alpha) - a \cdot \cos\alpha \cdot \sin(a \cdot \alpha)) \cdot a \cdot \cos\alpha \cdot \sin(a \cdot \alpha)
\end{pmatrix}$$

$$+ \begin{pmatrix}
(a \cdot \cos\alpha + \cos\alpha \cdot \cos(a \cdot \alpha) - a \cdot \sin\alpha \cdot \sin(a \cdot \alpha)) \cdot \sin\alpha \cdot \sin(a \cdot \alpha) \cdot \cos(a \cdot \alpha)\\
+(a \cdot \cos\alpha + \cos\alpha \cdot \cos(a \cdot \alpha) - a \cdot \sin\alpha \cdot \sin(a \cdot \alpha)) \cdot a \cdot \cos\alpha\\
-(a \cdot \cos\alpha + \cos\alpha \cdot \cos(a \cdot \alpha) - a \cdot \sin\alpha \cdot \sin(a \cdot \alpha)) \cdot a \cdot \sin\alpha \cdot \sin(a \cdot \alpha)
\end{pmatrix}$$

$$+ (-(a \cdot \cos(a \cdot \alpha)) \cdot \cos(a \cdot \alpha) \cdot \cos(a \cdot \alpha) + (a \cdot \cos(a \cdot \alpha)) \cdot a \cdot \cos(a \cdot \alpha)) =$$

$$(4.86b)$$

$$
=\left(\begin{pmatrix} -a\cdot\sin\alpha\cdot\cos\alpha\cdot\sin(a\cdot\alpha)\cdot\cos(a\cdot\alpha) \\ -\sin\alpha\cdot\cos(a\cdot\alpha)\cdot\cos\alpha\cdot\sin(a\cdot\alpha)\cdot\cos(a\cdot\alpha) \\ -a\cdot\cos\alpha\cdot\sin(a\cdot\alpha)\cdot\cos\alpha\cdot\sin(a\cdot\alpha)\cdot\cos(a\cdot\alpha) \end{pmatrix}\right.
$$
$$
-(-a\cdot\sin\alpha\cdot a\cdot\sin\alpha-\sin\alpha\cdot\cos(a\cdot\alpha)\cdot a\cdot\sin\alpha-a\cdot\cos\alpha\cdot\sin(a\cdot\alpha)\cdot a\cdot\sin\alpha)
$$
$$
\left.-\begin{pmatrix} -a\cdot\sin\alpha\cdot a\cdot\cos\alpha\cdot\sin(a\cdot\alpha)-\sin\alpha\cdot\cos(a\cdot\alpha)\cdot a\cdot\cos\alpha\cdot\sin(a\cdot\alpha) \\ -a\cdot\cos\alpha\cdot\sin(a\cdot\alpha)\cdot a\cdot\cos\alpha\cdot\sin(a\cdot\alpha) \end{pmatrix}\right)
$$
$$
+\left(\begin{pmatrix} a\cdot\cos\alpha\cdot\sin\alpha\cdot\sin(a\cdot\alpha)\cdot\cos(a\cdot\alpha) \\ +\cos\alpha\cdot\cos(a\cdot\alpha)\cdot\sin\alpha\cdot\sin(a\cdot\alpha)\cdot\cos(a\cdot\alpha) \\ -a\cdot\sin\alpha\cdot\sin(a\cdot\alpha)\cdot\sin\alpha\cdot\sin(a\cdot\alpha)\cdot\cos(a\cdot\alpha) \end{pmatrix}\right.
$$
$$
+(a\cdot\cos\alpha\cdot a\cdot\cos\alpha+\cos\alpha\cdot\cos(a\cdot\alpha)\cdot a\cdot\cos\alpha-a\cdot\sin\alpha\cdot\sin(a\cdot\alpha)\cdot a\cdot\cos\alpha)
$$
$$
\left.-\begin{pmatrix} a\cdot\cos\alpha\cdot a\cdot\sin\alpha\cdot\sin(a\cdot\alpha)+\cos\alpha\cdot\cos(a\cdot\alpha)\cdot a\cdot\sin\alpha\cdot\sin(a\cdot\alpha) \\ -a\cdot\sin\alpha\cdot\sin(a\cdot\alpha)\cdot a\cdot\sin\alpha\cdot\sin(a\cdot\alpha) \end{pmatrix}\right)
$$
$$
-a\cdot\cos(a\cdot\alpha)\cdot\cos(a\cdot\alpha)\cdot\cos(a\cdot\alpha)+a\cdot\cos(a\cdot\alpha)\cdot a\cdot\cos(a\cdot\alpha)=
$$

(4.86c)

$$
=-a\cdot\sin\alpha\cdot\cos\alpha\cdot\sin(a\cdot\alpha)\cdot\cos(a\cdot\alpha)-\sin\alpha\cdot\cos(a\cdot\alpha)\cdot\cos\alpha\cdot\sin(a\cdot\alpha)\cdot\cos(a\cdot\alpha)
$$
$$
-a\cdot\cos\alpha\cdot\sin(a\cdot\alpha)\cdot\cos\alpha\cdot\sin(a\cdot\alpha)\cdot\cos(a\cdot\alpha)
$$
$$
+a\cdot\sin\alpha\cdot a\cdot\sin\alpha+\sin\alpha\cdot\cos(a\cdot\alpha)\cdot a\cdot\sin\alpha+a\cdot\cos\alpha\cdot\sin(a\cdot\alpha)\cdot a\cdot\sin\alpha
$$
$$
+a\cdot\sin\alpha\cdot a\cdot\cos\alpha\cdot\sin(a\cdot\alpha)+\sin\alpha\cdot\cos(a\cdot\alpha)\cdot a\cdot\cos\alpha\cdot\sin(a\cdot\alpha)
$$
$$
+a\cdot\cos\alpha\cdot\sin(a\cdot\alpha)\cdot a\cdot\cos\alpha\cdot\sin(a\cdot\alpha)
$$
$$
+a\cdot\cos\alpha\cdot\sin\alpha\cdot\sin(a\cdot\alpha)\cdot\cos(a\cdot\alpha)
$$
$$
+\cos\alpha\cdot\cos(a\cdot\alpha)\cdot\sin\alpha\cdot\sin(a\cdot\alpha)\cdot\cos(a\cdot\alpha)
$$
$$
-a\cdot\sin\alpha\cdot\sin(a\cdot\alpha)\cdot\sin\alpha\cdot\sin(a\cdot\alpha)\cdot\cos(a\cdot\alpha)
$$
$$
+a\cdot\cos\alpha\cdot a\cdot\cos\alpha+\cos\alpha\cdot\cos(a\cdot\alpha)\cdot a\cdot\cos\alpha-a\cdot\sin\alpha\cdot\sin(a\cdot\alpha)\cdot a\cdot\cos\alpha
$$
$$
-a\cdot\cos\alpha\cdot a\cdot\sin\alpha\cdot\sin(a\cdot\alpha)-\cos\alpha\cdot\cos(a\cdot\alpha)\cdot a\cdot\sin\alpha\cdot\sin(a\cdot\alpha)
$$
$$
+a\cdot\sin\alpha\cdot\sin(a\cdot\alpha)\cdot a\cdot\sin\alpha\cdot\sin(a\cdot\alpha)
$$
$$
-a\cdot\cos(a\cdot\alpha)\cdot\cos(a\cdot\alpha)\cdot\cos(a\cdot\alpha)+a\cdot\cos(a\cdot\alpha)\cdot a\cdot\cos(a\cdot\alpha)=
$$

(4.86d)

$$= -a \cdot \sin\alpha \cdot \cos\alpha \cdot \sin(a \cdot \alpha) \cdot \cos(a \cdot \alpha) - \sin\alpha \cdot \cos\alpha \cdot \sin(a \cdot \alpha) \cdot \cos(a \cdot \alpha) \cdot \cos(a \cdot \alpha)$$

$$- a \cdot \cos\alpha \cdot \cos\alpha \cdot \sin(a \cdot \alpha) \cdot \sin(a \cdot \alpha) \cdot \cos(a \cdot \alpha)$$

$$+ a \cdot a \cdot \sin\alpha \cdot \sin\alpha + a \cdot \sin\alpha \cdot \sin\alpha \cdot \cos(a \cdot \alpha) + a \cdot a \cdot \sin\alpha \cdot \cos\alpha \cdot \sin(a \cdot \alpha)$$

$$+ a \cdot a \cdot \sin\alpha \cdot \cos\alpha \cdot \sin(a \cdot \alpha) + a \cdot \sin\alpha \cdot \cos\alpha \cdot \sin(a \cdot \alpha) \cdot \cos(a \cdot \alpha)$$

$$+ a \cdot a \cdot \cos\alpha \cdot \cos\alpha \cdot \sin(a \cdot \alpha) \cdot \sin(a \cdot \alpha)$$

$$+ a \cdot \sin\alpha \cdot \cos\alpha \cdot \sin(a \cdot \alpha) \cdot \cos(a \cdot \alpha)$$

$$+ \sin\alpha \cdot \cos\alpha \cdot \sin(a \cdot \alpha) \cdot \cos(a \cdot \alpha) \cdot \cos(a \cdot \alpha)$$

$$- a \cdot \sin\alpha \cdot \sin\alpha \cdot \sin(a \cdot \alpha) \cdot \sin(a \cdot \alpha) \cdot \cos(a \cdot \alpha)$$

$$+ a \cdot a \cdot \cos\alpha \cdot \cos\alpha + a \cdot \cos\alpha \cdot \cos\alpha \cdot \cos(a \cdot \alpha) - a \cdot a \cdot \sin\alpha \cdot \cos\alpha \cdot \sin(a \cdot \alpha)$$

$$- a \cdot a \cdot \sin\alpha \cdot \cos\alpha \cdot \sin(a \cdot \alpha) - a \cdot \sin\alpha \cdot \cos\alpha \cdot \sin(a \cdot \alpha) \cdot \cos(a \cdot \alpha)$$

$$+ a \cdot a \cdot \sin\alpha \cdot \sin\alpha \cdot \sin(a \cdot \alpha) \cdot \sin(a \cdot \alpha)$$

$$- a \cdot \cos(a \cdot \alpha) \cdot \cos(a \cdot \alpha) \cdot \cos(a \cdot \alpha) + a \cdot a \cdot \cos(a \cdot \alpha) \cdot \cos(a \cdot \alpha) =$$

$$(4.86e)$$

$$= 2 \cdot a^2 \, (\text{Zähler}) \tag{4.86f}$$

$$\sqrt{\begin{aligned} &(-a \cdot \sin\alpha - \sin\alpha \cdot \cos(a \cdot \alpha) - a \cdot \cos\alpha \cdot \sin(a \cdot \alpha)) \\ &\cdot (-a \cdot \sin\alpha - \sin\alpha \cdot \cos(a \cdot \alpha) - a \cdot \cos\alpha \cdot \sin(a \cdot \alpha)) \\ &+ (a \cdot \cos\alpha + \cos\alpha \cdot \cos(a \cdot \alpha) - a \cdot \sin\alpha \cdot \sin(a \cdot \alpha)) \\ &\cdot (a \cdot \cos\alpha + \cos\alpha \cdot \cos(a \cdot \alpha) - a \cdot \sin\alpha \cdot \sin(a \cdot \alpha)) \\ &+ (a \cdot \cos(a \cdot \alpha)) \cdot (a \cdot \cos(a \cdot \alpha)) \end{aligned}} = \tag{4.87a}$$

$$= \sqrt{\begin{aligned} &\left(\begin{aligned} &-(-a \cdot \sin\alpha \cdot a \cdot \sin\alpha - a \cdot \sin\alpha \cdot \sin\alpha \cdot \cos(a \cdot \alpha) - a \cdot \sin\alpha \cdot a \cdot \cos\alpha \cdot \sin(a \cdot \alpha)) \\ &- \left(\begin{aligned} &-\sin\alpha \cdot \cos(a \cdot \alpha) \cdot a \cdot \sin\alpha - \sin\alpha \cdot \cos(a \cdot \alpha) \cdot \sin\alpha \cdot \cos(a \cdot \alpha) \\ &-\sin\alpha \cdot \cos(a \cdot \alpha) \cdot a \cdot \cos\alpha \cdot \sin(a \cdot \alpha) \end{aligned} \right) \\ &- \left(\begin{aligned} &-a \cdot \cos\alpha \cdot \sin(a \cdot \alpha) \cdot a \cdot \sin\alpha - a \cdot \cos\alpha \cdot \sin(a \cdot \alpha) \cdot \sin\alpha \cdot \cos(a \cdot \alpha) \\ &-a \cdot \cos\alpha \cdot \sin(a \cdot \alpha) \cdot a \cdot \cos\alpha \cdot \sin(a \cdot \alpha) \end{aligned} \right) \end{aligned} \right) \\ &+ \left(\begin{aligned} &(a \cdot \cos\alpha \cdot a \cdot \cos\alpha + a \cdot \cos\alpha \cdot \cos\alpha \cdot \cos(a \cdot \alpha) - a \cdot \cos\alpha \cdot a \cdot \sin\alpha \cdot \sin(a \cdot \alpha)) \\ &+ \left(\begin{aligned} &\cos\alpha \cdot \cos(a \cdot \alpha) \cdot a \cdot \cos\alpha + \cos\alpha \cdot \cos(a \cdot \alpha) \cdot \cos\alpha \cdot \cos(a \cdot \alpha) \\ &-\cos\alpha \cdot \cos(a \cdot \alpha) \cdot a \cdot \sin\alpha \cdot \sin(a \cdot \alpha) \end{aligned} \right) \\ &- \left(\begin{aligned} &a \cdot \sin\alpha \cdot \sin(a \cdot \alpha) \cdot a \cdot \cos\alpha + a \cdot \sin\alpha \cdot \sin(a \cdot \alpha) \cdot \cos\alpha \cdot \cos(a \cdot \alpha) \\ &-a \cdot \sin\alpha \cdot \sin(a \cdot \alpha) \cdot a \cdot \sin\alpha \cdot \sin(a \cdot \alpha) \end{aligned} \right) \end{aligned} \right) \\ &+ (a \cdot \cos(a \cdot \alpha)) \cdot (a \cdot \cos(a \cdot \alpha)) \end{aligned}} =$$

$$(4.87b)$$

$$
\begin{aligned}
= \Big\{ \;\; & a \cdot \sin\alpha \cdot a \cdot \sin\alpha + a \cdot \sin\alpha \cdot \sin\alpha \cdot \cos\left(a \cdot \alpha\right) + a \cdot \sin\alpha \cdot a \cdot \cos\alpha \cdot \sin\left(a \cdot \alpha\right) \\
+ & \sin\alpha \cdot \cos\left(a \cdot \alpha\right) \cdot a \cdot \sin\alpha + \sin\alpha \cdot \cos\left(a \cdot \alpha\right) \cdot \sin\alpha \cdot \cos\left(a \cdot \alpha\right) \\
+ & \sin\alpha \cdot \cos\left(a \cdot \alpha\right) \cdot a \cdot \cos\alpha \cdot \sin\left(a \cdot \alpha\right) \\
+ & a \cdot \cos\alpha \cdot \sin\left(a \cdot \alpha\right) \cdot a \cdot \sin\alpha + a \cdot \cos\alpha \cdot \sin\left(a \cdot \alpha\right) \cdot \sin\alpha \cdot \cos\left(a \cdot \alpha\right) \\
+ & a \cdot \cos\alpha \cdot \sin\left(a \cdot \alpha\right) \cdot a \cdot \cos\alpha \cdot \sin\left(a \cdot \alpha\right) \\
+ & a \cdot \cos\alpha \cdot a \cdot \cos\alpha + a \cdot \cos\alpha \cdot \cos\alpha \cdot \cos\left(a \cdot \alpha\right) - a \cdot \cos\alpha \cdot a \cdot \sin\alpha \cdot \sin\left(a \cdot \alpha\right) \\
+ & \cos\alpha \cdot \cos\left(a \cdot \alpha\right) \cdot a \cdot \cos\alpha + \cos\alpha \cdot \cos\left(a \cdot \alpha\right) \cdot \cos\alpha \cdot \cos\left(a \cdot \alpha\right) \\
- & \cos\alpha \cdot \cos\left(a \cdot \alpha\right) \cdot a \cdot \sin\alpha \cdot \sin\left(a \cdot \alpha\right) \\
- & a \cdot \sin\alpha \cdot \sin\left(a \cdot \alpha\right) \cdot a \cdot \cos\alpha - a \cdot \sin\alpha \cdot \sin\left(a \cdot \alpha\right) \cdot \cos\alpha \cdot \cos\left(a \cdot \alpha\right) \\
+ & a \cdot \sin\alpha \cdot \sin\left(a \cdot \alpha\right) \cdot a \cdot \sin\alpha \cdot \sin\left(a \cdot \alpha\right) \\
+ & a \cdot \cos\left(a \cdot \alpha\right) \cdot a \cdot \cos\left(a \cdot \alpha\right)
\end{aligned} \Big\} =
$$

$$(4.87c)$$

$$
\begin{aligned}
= \Big\{ \;\; & + \sin\alpha \cdot \sin\alpha \cdot \cos\left(a \cdot \alpha\right) \cdot \cos\left(a \cdot \alpha\right) + \cos\alpha \cdot \cos\alpha \cdot \cos\left(a \cdot \alpha\right) \cdot \cos\left(a \cdot \alpha\right) \\
+ & a \cdot \sin\alpha \cdot \sin\alpha \cdot \cos\left(a \cdot \alpha\right) + a \cdot \sin\alpha \cdot \sin\alpha \cdot \cos\left(a \cdot \alpha\right) \\
+ & a \cdot \cos\alpha \cdot \cos\alpha \cdot \cos\left(a \cdot \alpha\right) + a \cdot \cos\alpha \cdot \cos\alpha \cdot \cos\left(a \cdot \alpha\right) \\
+ & a \cdot \sin\alpha \cdot \cos\alpha \cdot \sin\left(a \cdot \alpha\right) \cdot \cos\left(a \cdot \alpha\right) - a \cdot \sin\alpha \cdot \cos\alpha \cdot \sin\left(a \cdot \alpha\right) \cdot \cos\left(a \cdot \alpha\right) \\
+ & a \cdot \sin\alpha \cdot \cos\alpha \cdot \sin\left(a \cdot \alpha\right) \cdot \cos\left(a \cdot \alpha\right) - a \cdot \sin\alpha \cdot \cos\alpha \cdot \sin\left(a \cdot \alpha\right) \cdot \cos\left(a \cdot \alpha\right) \\
+ & a \cdot a \cdot \sin\alpha \cdot \sin\alpha + a \cdot a \cdot \cos\alpha \cdot \cos\alpha \\
+ & a \cdot a \cdot \sin\alpha \cdot \cos\alpha \cdot \sin\left(a \cdot \alpha\right) + a \cdot a \cdot \sin\alpha \cdot \cos\alpha \cdot \sin\left(a \cdot \alpha\right) \\
- & a \cdot a \cdot \sin\alpha \cdot \cos\alpha \cdot \sin\left(a \cdot \alpha\right) - a \cdot a \cdot \sin\alpha \cdot \cos\alpha \cdot \sin\left(a \cdot \alpha\right) \\
+ & a \cdot a \cdot \sin\alpha \cdot \sin\alpha \cdot \sin\left(a \cdot \alpha\right) \cdot \sin\left(a \cdot \alpha\right) \\
+ & a \cdot a \cdot \cos\alpha \cdot \cos\alpha \cdot \sin\left(a \cdot \alpha\right) \cdot \sin\left(a \cdot \alpha\right) \\
+ & a \cdot a \cdot \cos\left(a \cdot \alpha\right) \cdot \cos\left(a \cdot \alpha\right)
\end{aligned} \Big\} =
$$

$$(4.87d)$$

$$
= \sqrt{ \begin{aligned} & \cos\left(a \cdot \alpha\right) \cdot \cos\left(a \cdot \alpha\right) \\ &+ a \cdot \cos\left(a \cdot \alpha\right) + a \cdot \cos\left(a \cdot \alpha\right) \\ &+ a \cdot a + a \cdot a \end{aligned} } \quad =
\qquad\qquad (4.87e)
$$

$$
= \sqrt{ \cos^2\left(a \cdot \alpha\right) + 2 \cdot a \cdot \cos\left(a \cdot \alpha\right) + 2 \cdot a^2 } =
\qquad\qquad (4.87f)
$$

$$
= \sqrt{ \left(\cos\left(a \cdot \alpha\right) + a \right)^2 + a^2 }
\qquad\qquad (4.87g)
$$

$$\sqrt{\begin{aligned}
&(\cos\alpha\cdot\sin(a\cdot\alpha)\cdot\cos(a\cdot\alpha)-a\cdot\sin\alpha-a\cdot\cos\alpha\cdot\sin(a\cdot\alpha))\\
&\cdot(\cos\alpha\cdot\sin(a\cdot\alpha)\cdot\cos(a\cdot\alpha)-a\cdot\sin\alpha-a\cdot\cos\alpha\cdot\sin(a\cdot\alpha))\\
&+(\sin\alpha\cdot\sin(a\cdot\alpha)\cdot\cos(a\cdot\alpha)+a\cdot\cos\alpha-a\cdot\sin\alpha\cdot\sin(a\cdot\alpha))\\
&+(\sin\alpha\cdot\sin(a\cdot\alpha)\cdot\cos(a\cdot\alpha)+a\cdot\cos\alpha-a\cdot\sin\alpha\cdot\sin(a\cdot\alpha))\\
&+(-\cos(a\cdot\alpha)\cdot\cos(a\cdot\alpha)+a\cdot\cos(a\cdot\alpha))\cdot(-\cos(a\cdot\alpha)\cdot\cos(a\cdot\alpha)+a\cdot\cos(a\cdot\alpha))
\end{aligned}}=$$

$$(4.88\text{a})$$

$$=\sqrt{\begin{aligned}
&\left(\begin{aligned}&\cos\alpha\cdot\sin(a\cdot\alpha)\cdot\cos(a\cdot\alpha)\cdot(\cos\alpha\cdot\sin(a\cdot\alpha)\cdot\cos(a\cdot\alpha)-a\cdot\sin\alpha-a\cdot\cos\alpha\cdot\sin(a\cdot\alpha))\\&-a\cdot\sin\alpha\cdot(\cos\alpha\cdot\sin(a\cdot\alpha)\cdot\cos(a\cdot\alpha)-a\cdot\sin\alpha-a\cdot\cos\alpha\cdot\sin(a\cdot\alpha))\\&-a\cdot\cos\alpha\cdot\sin(a\cdot\alpha)\cdot(\cos\alpha\cdot\sin(a\cdot\alpha)\cdot\cos(a\cdot\alpha)-a\cdot\sin\alpha-a\cdot\cos\alpha\cdot\sin(a\cdot\alpha))\end{aligned}\right)\\
&+\left(\begin{aligned}&\sin\alpha\cdot\sin(a\cdot\alpha)\cdot\cos(a\cdot\alpha)\cdot(\sin\alpha\cdot\sin(a\cdot\alpha)\cdot\cos(a\cdot\alpha)+a\cdot\cos\alpha-a\cdot\sin\alpha\cdot\sin(a\cdot\alpha))\\&+a\cdot\cos\alpha\cdot(\sin\alpha\cdot\sin(a\cdot\alpha)\cdot\cos(a\cdot\alpha)+a\cdot\cos\alpha-a\cdot\sin\alpha\cdot\sin(a\cdot\alpha))\\&-a\cdot\sin\alpha\cdot\sin(a\cdot\alpha)\cdot(\sin\alpha\cdot\sin(a\cdot\alpha)\cdot\cos(a\cdot\alpha)+a\cdot\cos\alpha-a\cdot\sin\alpha\cdot\sin(a\cdot\alpha))\end{aligned}\right)\\
&+\left(\begin{aligned}&-\cos(a\cdot\alpha)\cdot\cos(a\cdot\alpha)\cdot(-\cos(a\cdot\alpha)\cdot\cos(a\cdot\alpha)+a\cdot\cos(a\cdot\alpha))\\&+a\cdot\cos(a\cdot\alpha)\cdot(-\cos(a\cdot\alpha)\cdot\cos(a\cdot\alpha)+a\cdot\cos(a\cdot\alpha))\end{aligned}\right)
\end{aligned}}=$$

$$(4.88\text{b})$$

$$=\sqrt{\begin{aligned}
&\left(\begin{aligned}&\left(\begin{aligned}&\cos\alpha\cdot\sin(a\cdot\alpha)\cdot\cos(a\cdot\alpha)\cdot\cos\alpha\cdot\sin(a\cdot\alpha)\cdot\cos(a\cdot\alpha)\\&-\cos\alpha\cdot\sin(a\cdot\alpha)\cdot\cos(a\cdot\alpha)\cdot a\cdot\sin\alpha-\cos\alpha\cdot\sin(a\cdot\alpha)\cdot\cos(a\cdot\alpha)\cdot a\cdot\cos\alpha\cdot\sin(a\cdot\alpha)\end{aligned}\right)\\&-(a\cdot\sin\alpha\cdot\cos\alpha\cdot\sin(a\cdot\alpha)\cdot\cos(a\cdot\alpha)-a\cdot\sin\alpha\cdot a\cdot\sin\alpha-a\cdot\sin\alpha\cdot a\cdot\cos\alpha\cdot\sin(a\cdot\alpha))\\&-\left(\begin{aligned}&a\cdot\cos\alpha\cdot\sin(a\cdot\alpha)\cdot\cos\alpha\cdot\sin(a\cdot\alpha)\cdot\cos(a\cdot\alpha)\\&-a\cdot\cos\alpha\cdot\sin(a\cdot\alpha)\cdot a\cdot\sin\alpha-a\cdot\cos\alpha\cdot\sin(a\cdot\alpha)\cdot a\cdot\cos\alpha\cdot\sin(a\cdot\alpha)\end{aligned}\right)\end{aligned}\right)\\
&+\left(\begin{aligned}&\left(\begin{aligned}&\sin\alpha\cdot\sin(a\cdot\alpha)\cdot\cos(a\cdot\alpha)\cdot\sin\alpha\cdot\sin(a\cdot\alpha)\cdot\cos(a\cdot\alpha)\\&+\sin\alpha\cdot\sin(a\cdot\alpha)\cdot\cos(a\cdot\alpha)\cdot a\cdot\cos\alpha-\sin\alpha\cdot\sin(a\cdot\alpha)\cdot\cos(a\cdot\alpha)\cdot a\cdot\sin\alpha\cdot\sin(a\cdot\alpha)\end{aligned}\right)\\&+(a\cdot\cos\alpha\cdot\sin\alpha\cdot\sin(a\cdot\alpha)\cdot\cos(a\cdot\alpha)+a\cdot\cos\alpha\cdot a\cdot\cos\alpha-a\cdot\cos\alpha\cdot a\cdot\sin\alpha\cdot\sin(a\cdot\alpha))\\&-\left(\begin{aligned}&a\cdot\sin\alpha\cdot\sin(a\cdot\alpha)\cdot\sin\alpha\cdot\sin(a\cdot\alpha)\cdot\cos(a\cdot\alpha)+a\cdot\sin\alpha\cdot\sin(a\cdot\alpha)\cdot a\cdot\cos\alpha\\&-a\cdot\sin\alpha\cdot\sin(a\cdot\alpha)\cdot a\cdot\sin\alpha\cdot\sin(a\cdot\alpha)\end{aligned}\right)\end{aligned}\right)\\
&+\left(\begin{aligned}&-(-\cos(a\cdot\alpha)\cdot\cos(a\cdot\alpha)\cdot\cos(a\cdot\alpha)\cdot\cos(a\cdot\alpha)+\cos(a\cdot\alpha)\cdot\cos(a\cdot\alpha)\cdot a\cdot\cos(a\cdot\alpha))\\&+(-a\cdot\cos(a\cdot\alpha)\cdot\cos(a\cdot\alpha)\cdot\cos(a\cdot\alpha)+a\cdot\cos(a\cdot\alpha)\cdot a\cdot\cos(a\cdot\alpha))\end{aligned}\right)
\end{aligned}}=$$

$$(4.88\text{c})$$

$$
= \sqrt{\begin{array}{l}
\cos\alpha\cdot\cos\alpha\cdot\sin(a\cdot\alpha)\cdot\sin(a\cdot\alpha)\cdot\cos(a\cdot\alpha)\cdot\cos(a\cdot\alpha) \\
-a\cdot\sin\alpha\cdot\cos\alpha\cdot\sin(a\cdot\alpha)\cdot\cos(a\cdot\alpha)-a\cdot\cos\alpha\cdot\cos\alpha\cdot\sin(a\cdot\alpha)\cdot\sin(a\cdot\alpha)\cdot\cos(a\cdot\alpha) \\
-a\cdot\sin\alpha\cdot\cos\alpha\cdot\sin(a\cdot\alpha)\cdot\cos(a\cdot\alpha)+a\cdot a\cdot\sin\alpha\cdot\sin\alpha+a\cdot a\cdot\sin\alpha\cdot\cos\alpha\cdot\sin(a\cdot\alpha) \\
-a\cdot\cos\alpha\cdot\cos\alpha\cdot\sin(a\cdot\alpha)\cdot\sin(a\cdot\alpha)\cdot\cos(a\cdot\alpha) \\
+a\cdot a\cdot\sin\alpha\cdot\cos\alpha\cdot\sin(a\cdot\alpha)+a\cdot a\cdot\cos\alpha\cdot\cos\alpha\cdot\sin(a\cdot\alpha)\cdot\sin(a\cdot\alpha) \\
+\sin\alpha\cdot\sin\alpha\cdot\sin(a\cdot\alpha)\cdot\sin(a\cdot\alpha)\cdot\cos(a\cdot\alpha)\cdot\cos(a\cdot\alpha) \\
+a\cdot\sin\alpha\cdot\cos\alpha\cdot\sin(a\cdot\alpha)\cdot\cos(a\cdot\alpha)-a\cdot\sin\alpha\cdot\sin\alpha\cdot\sin(a\cdot\alpha)\cdot\sin(a\cdot\alpha)\cdot\cos(a\cdot\alpha) \\
+a\cdot\sin\alpha\cdot\cos\alpha\cdot\sin(a\cdot\alpha)\cdot\cos(a\cdot\alpha)+a\cdot a\cdot\cos\alpha\cdot\cos\alpha-a\cdot a\cdot\sin\alpha\cdot\cos\alpha\cdot\sin(a\cdot\alpha) \\
-a\cdot\sin\alpha\cdot\sin\alpha\cdot\sin(a\cdot\alpha)\cdot\sin(a\cdot\alpha)\cdot\cos(a\cdot\alpha)-a\cdot a\cdot\sin\alpha\cdot\cos\alpha\cdot\sin(a\cdot\alpha) \\
+a\cdot a\cdot\sin\alpha\cdot\sin\alpha\cdot\sin(a\cdot\alpha)\cdot\sin(a\cdot\alpha) \\
+\cos(a\cdot\alpha)\cdot\cos(a\cdot\alpha)\cdot\cos(a\cdot\alpha)\cdot\cos(a\cdot\alpha)-a\cdot\cos(a\cdot\alpha)\cdot\cos(a\cdot\alpha)\cdot\cos(a\cdot\alpha) \\
-a\cdot\cos(a\cdot\alpha)\cdot\cos(a\cdot\alpha)\cdot\cos(a\cdot\alpha)+a\cdot a\cdot\cos(a\cdot\alpha)\cdot\cos(a\cdot\alpha)
\end{array}} = \tag{4.88d}
$$

$$
= \sqrt{\begin{array}{l}
+\cos(a\cdot\alpha)\cdot\cos(a\cdot\alpha)\cdot\cos(a\cdot\alpha)\cdot\cos(a\cdot\alpha) \\
+\sin\alpha\cdot\sin\alpha\cdot\sin(a\cdot\alpha)\cdot\sin(a\cdot\alpha)\cdot\cos(a\cdot\alpha)\cdot\cos(a\cdot\alpha) \\
-a\cdot\sin\alpha\cdot\cos\alpha\cdot\sin(a\cdot\alpha)\cdot\cos(a\cdot\alpha)-a\cdot\cos\alpha\cdot\cos\alpha\cdot\sin(a\cdot\alpha)\cdot\sin(a\cdot\alpha)\cdot\cos(a\cdot\alpha) \\
-a\cdot\sin\alpha\cdot\cos\alpha\cdot\sin(a\cdot\alpha)\cdot\cos(a\cdot\alpha)-a\cdot\cos(a\cdot\alpha)\cdot\cos(a\cdot\alpha)\cdot\cos(a\cdot\alpha) \\
-a\cdot\cos\alpha\cdot\cos\alpha\cdot\sin(a\cdot\alpha)\cdot\sin(a\cdot\alpha)\cdot\cos(a\cdot\alpha) \\
+a\cdot\sin\alpha\cdot\cos\alpha\cdot\sin(a\cdot\alpha)\cdot\cos(a\cdot\alpha)-a\cdot\sin\alpha\cdot\sin\alpha\cdot\sin(a\cdot\alpha)\cdot\sin(a\cdot\alpha)\cdot\cos(a\cdot\alpha) \\
+a\cdot\sin\alpha\cdot\cos\alpha\cdot\sin(a\cdot\alpha)\cdot\cos(a\cdot\alpha) \\
-a\cdot\cos(a\cdot\alpha)\cdot\cos(a\cdot\alpha)\cdot\cos(a\cdot\alpha) \\
-a\cdot\sin\alpha\cdot\sin\alpha\cdot\sin(a\cdot\alpha)\cdot\sin(a\cdot\alpha)\cdot\cos(a\cdot\alpha) \\
+a\cdot a\cdot\sin\alpha\cdot\sin\alpha\cdot\sin(a\cdot\alpha)\cdot\sin(a\cdot\alpha)+a\cdot a\cdot\sin\alpha\cdot\sin\alpha+a\cdot a\cdot\sin\alpha\cdot\cos\alpha\cdot\sin(a\cdot\alpha) \\
+a\cdot a\cdot\sin\alpha\cdot\cos\alpha\cdot\sin(a\cdot\alpha)+a\cdot a\cdot\cos\alpha\cdot\cos\alpha\cdot\sin(a\cdot\alpha)\cdot\sin(a\cdot\alpha) \\
+a\cdot a\cdot\cos\alpha\cdot\cos\alpha-a\cdot a\cdot\sin\alpha\cdot\cos\alpha\cdot\sin(a\cdot\alpha)-a\cdot a\cdot\sin\alpha\cdot\cos\alpha\cdot\sin(a\cdot\alpha) \\
+a\cdot a\cdot\cos(a\cdot\alpha)\cdot\cos(a\cdot\alpha)
\end{array}} = \tag{4.88e}
$$

$$
= \sqrt{\begin{array}{l}
\cos(a\cdot\alpha)\cdot\cos(a\cdot\alpha) \\
-a\cdot\cos(a\cdot\alpha)-a\cdot\cos(a\cdot\alpha) \\
+a\cdot a+a\cdot a
\end{array}} = \tag{4.88f}
$$

$$
= \sqrt{(\cos(a\cdot\alpha)-a)^2+a^2} \tag{4.88g}
$$

Nenner:

$$
\sqrt{(\cos(a\cdot\alpha)+a)^2+a^2}\cdot\sqrt{(\cos(a\cdot\alpha)-a)^2+a^2} = \tag{4.89a}
$$

$$
= \sqrt{\left((\cos(a\cdot\alpha)+a)^2+a^2\right)\cdot\left((\cos(a\cdot\alpha)-a)^2+a^2\right)} = \tag{4.89b}
$$

$$= \sqrt{\begin{array}{l}((\cos(a \cdot \alpha) + a)^2 \cdot (\cos(a \cdot \alpha) - a)^2 + (\cos(a \cdot \alpha) + a)^2 \cdot a^2) + \\ + (a^2 \cdot (\cos(a \cdot \alpha) - a)^2 + a^2 \cdot a^2)\end{array}} = (4.89c)$$

$$= \sqrt{(\cos^2(a \cdot \alpha) - a^2)^2 + 2 \cdot a^2 \cdot (\cos^2(a \cdot \alpha) + a^2) + a^2 \cdot a^2} = \quad (4.89d)$$

$$= \sqrt{\cos^4(a \cdot \alpha) + 4 \cdot a^4} \quad (4.89e)$$

$$\gamma = \arccos \frac{2 \cdot a^2}{\sqrt{\cos^4(a \cdot \alpha) + 4 \cdot a^4}} \quad (4.90)$$

Der Betrag des Arguments des Arcuscosinus muss immer kleiner oder gleich 1 sein.
   Weil gilt:

$$2 \cdot a^2 = \sqrt{4 \cdot a^4} \quad (4.91)$$

und weil

$$\cos^4(a \cdot \alpha) > 0 \quad (4.92)$$

und weil daher.

$$2 \cdot a^2 < \sqrt{\cos^4(a \cdot \alpha) + 4 \cdot a^4}, \quad (4.93)$$

gilt:

$$\frac{2 \cdot a^2}{\sqrt{\cos^4(a \cdot \alpha) + 4 \cdot a^4}} < 1 \quad (4.94)$$

Damit kann aus diesem Argument der Winkel γ in Abhängigkeit von a und dem Winkel α berechnet werden.

$$\gamma = \arccos \frac{2 \cdot a^2}{\sqrt{\cos^4(a \cdot \alpha) + 4 \cdot a^4}} \quad (4.95)$$

Durch diesen Abweichungswinkel γ kann eine Kraft beschrieben werden, die versucht, den Normalzustand zwischen den beiden Feldern wiederherzustellen. Diese Kraft ist potenzielle Energie. Durch einen Ausgleichsvorgang wird die potenzielle Energie zu kinetischer Energie, die zu einer Auslenkung um den gleichen Wert und damit wieder zu potentieller Energie führt, ein Oszillator ist entstanden. Eine Abschätzung der Frequenz des Oszillators erfolgt an anderer Stelle.

4.1 Die Maxwellschen Gleichungen

Die Maxwellschen Gleichungen bilden heute immer noch das Grundgerüst für die Elektrotechnik. Man kann mit ihnen bei entsprechender Interpretation sämtliche Verhalten, Eigenschaften und Phänomene der Elektrotechnik beschreiben [3].

4.1.1 Herkunft der Maxwellschen Gleichungen

James Clerk Maxwell entwickelte das nach ihm benannte Gleichungssystem aus dem Durchflutungsgesetz von Ampere, dem Gauß'schen Gesetz und dem Induktionsgesetz und ergänzte sie um den Verschiebungsstrom [4].

4.1.2 Das Gleichungssystem in seiner integralen Form

$$\oiint_{dV} \vec{D} \cdot d\vec{A} = \iiint_V \rho \cdot dV = Q(V) \tag{4.96}$$

Die aus der Oberfläche eines Volumens kommende oder in diese hineinlaufende elektrische Verschiebungsdichte ist gleich der Menge an elektrischen Ladungen in diesem Volumen. Oder: Elektrische Felder können eine Quelle haben.

$$\oiint_{dV} \vec{B} \cdot d\vec{A} = 0 \tag{4.97}$$

Die in ein Volumen durch dessen Oberfläche hineinlaufende magnetische Flussdichte geht auch wieder aus der Oberfläche des Volumens raus. Oder: Magnetische Felder sind quellenfrei.

$$\oint_{dA} \vec{E} \cdot d\vec{s} = -\iint_A \frac{d\vec{B}}{dt} \cdot d\vec{A} \tag{4.98}$$

Das Integral der elektrischen Feldstärke E über die Längensegmente ds der Linie um die Fläche A, durch die ein magnetisches Feld der zeitlich veränderlichen Flussdichte B fließt, ist gleich dem gesamten magnetischen Fluss durch diese Fläche. Oder: Wenn in einer Schleife ein zeitlich veränderlicher magnetischer Fluss vorhanden ist, dann entsteht in dieser Schleife eine elektrische Spannung. Je höher die Veränderung des magnetischen Flusses in einer Zeiteinheit, desto höher ist die elektrische Spannung in der Zeiteinheit.

$$\oint_{dA} \vec{H} \cdot d\vec{s} = \iint_A \vec{j_l} \cdot d\vec{A} + \iint_A \frac{d\vec{D}}{dt} \cdot d\vec{A} \tag{4.99}$$

Das Integral der magnetischen Feldstärke H über die Längensegmente ds der Linie um die Fläche A, durch die ein elektrisches Feld der zeitlich veränderlichen Verschiebungsdichte D oder ein elektrischer Gleichstrom fließt, ist gleich dem gesamten magnetischen Fluss durch diese Fläche. Oder: Wenn in einer Schleife eine zeitlich veränderliche oder nicht veränderliche elektrische Verschiebungsdichte oder Strom vorhanden ist, dann entsteht in dieser Schleife eine magnetische Feldstärke.

4.1.3   Das Gleichungssystem in seiner differenziellen Form

$$div\,\vec{D} = \vec{\nabla} \cdot \vec{D} = \rho \tag{4.100}$$

Das Feld der elektrischen Verschiebungsdichte hat eine Quelle.

$$div\,\vec{B} = \vec{\nabla} \cdot \vec{B} = 0 \tag{4.101}$$

Das Feld der magnetischen Flussdichte hat keine Quelle.

$$rot\,\vec{E} = \vec{\nabla} \times \vec{E} = -\frac{d\vec{B}}{dt} \tag{4.102}$$

Die räumlichen Änderungen (Wirbel) der elektrischen Feldstärke sind gleich der zeitlichen Änderung der magnetischen Flussdichte.

$$rot\,\vec{H} = \vec{\nabla} \times \vec{H} = \vec{j_l} + \frac{d\vec{D}}{dt} \tag{4.103}$$

Die räumlichen Änderungen (Wirbel) der magnetischen Feldstärke sind gleich der Summe aus dem elektrischen Strom und der zeitlichen Änderung der elektrischen Verschiebungsdichte.

4.1.4   Die Materialgleichungen

$$\vec{D} = \varepsilon_0 \cdot \vec{E} + \vec{P} \tag{4.104}$$

Die elektrische Verschiebungsdichte folgt zeitlich der elektrischen Feldstärke, erhöht um ein vorhandenes Potenzial, wobei die Konstante ε_0 nur für das Vakuum gilt. In materiebehafteten Räumen wird die Konstante um einen Faktor ε_r ergänzt. Eine weitere Herleitung dieser Konstante findet sich in Kap. 6 Die Masse.

$$\vec{B} = \mu_0 \cdot \vec{H} + \vec{M} \tag{4.105}$$

Die magnetische Flussdichte folgt zeitlich der magnetischen Feldstärke, erhöht um ein magnetisches Potenzial, wobei die Konstante μ_0 nur für das Vakuum gilt. In materiebehafteten Räumen wird die Konstante um einen Faktor μ_r ergänzt. Eine weitere Herleitung dieser Konstante findet sich in Kap. 6 Die Masse.

$$\vec{J} = \sigma \cdot \vec{E} \tag{4.106}$$

Der elektrische Strom wird bestimmt durch die elektrische Leitfähigkeit eines Volumens und der elektrischen Feldstärke an diesem Volumen.

4.1.5   Die Rotationsfunktion

Die Rotationsfunktion ist generell das Kreuzprodukt aus dem Nabla-Operator mit dem Vektor, an dem die Rotationsfunktion angewendet werden soll [5]:

$$rot\,\vec{v} = rot \begin{pmatrix} v_x \\ v_y \\ v_z \end{pmatrix} = \begin{pmatrix} \frac{d}{dx} \\ \frac{d}{dy} \\ \frac{d}{dz} \end{pmatrix} \times \begin{pmatrix} v_x \\ v_y \\ v_z \end{pmatrix} = \begin{pmatrix} \frac{dv_z}{dy} - \frac{dv_y}{dz} \\ \frac{dv_x}{dz} - \frac{dv_z}{dx} \\ \frac{dv_y}{dx} - \frac{dv_x}{dy} \end{pmatrix} \tag{4.107}$$

Die Anwendung der Rotationsfunktion im Zylinderkoordinatensystem führt zu folgender Darstellung [5]:

$$rot\,\vec{u} = \begin{pmatrix} \frac{1}{r} \cdot \frac{du_z}{d\varphi} - \frac{du_\varphi}{dz} \\ \frac{du_r}{dz} - \frac{du_z}{dr} \\ \frac{1}{r} \cdot \frac{d(r \cdot u_\varphi)}{dr} - \frac{1}{r} \cdot \frac{du_r}{d\varphi} \end{pmatrix} \cdot \begin{pmatrix} \vec{e_r} \\ \vec{e_\varphi} \\ \vec{e_z} \end{pmatrix} \tag{4.108}$$

Die Transformationsfunktionen zwischen dem Kartesischen Koordinatensystem und dem Zylinderkoordinatensystem sind dabei für Ortsvektoren [5]:

$$\vec{v} = \vec{v}\,(r, \varphi, z) = \begin{pmatrix} v_x \\ v_y \\ v_z \end{pmatrix} = \begin{pmatrix} r \cdot \cos\varphi \\ r \cdot \sin\varphi \\ z \end{pmatrix} \tag{4.109}$$

$$\vec{u} = \vec{u}\,(x, y, z) = \begin{pmatrix} u_r \\ u_\varphi \\ u_z \end{pmatrix} = \begin{pmatrix} \sqrt{x^2 + y^2} \\ \arctan\frac{y}{x} \\ z \end{pmatrix} \tag{4.110}$$

und für Vektoren [5]:

$$\vec{v}\,(r, \varphi, z) = \begin{pmatrix} v_x \cdot \cos\varphi + v_y \cdot \sin\varphi \\ -v_x \cdot \sin\varphi + v_y \cdot \cos\varphi \\ v_z \end{pmatrix} \tag{4.111}$$

$$\vec{v}(x, y, z) = \begin{pmatrix} v_x \\ v_y \\ v_z \end{pmatrix} = \begin{pmatrix} v_r \cdot \cos\varphi - v_\varphi \cdot \sin\varphi \\ v_r \cdot \sin\varphi + v_\varphi \cdot \cos\varphi \\ v_z \end{pmatrix} \tag{4.112}$$

Gemäß [5] ist die Rotationsfunktion

$$\vec{v} = \omega \cdot (\vec{n} \times \vec{r}) \tag{4.113}$$

Mit

$$\vec{n} = \begin{pmatrix} n_x \\ n_y \\ n_z \end{pmatrix} \tag{4.114}$$

und

$$\vec{r} = \begin{pmatrix} r \cdot \cos\varphi \\ r \cdot \sin\varphi \\ z \end{pmatrix} \tag{4.115}$$

wird

$$\vec{v} = \omega \cdot \left(\begin{pmatrix} n_x \\ n_y \\ n_z \end{pmatrix} \times \begin{pmatrix} r \cdot \cos\varphi \\ r \cdot \sin\varphi \\ z \end{pmatrix} \right) \tag{4.116}$$

$$\vec{v} = \omega \cdot \begin{pmatrix} n_y \cdot z - n_z \cdot r \cdot \sin\varphi \\ n_z \cdot r \cdot \cos\varphi - n_x \cdot z \\ n_x \cdot r \cdot \sin\varphi - n_y \cdot r \cdot \cos\varphi \end{pmatrix} \tag{4.117}$$

Transformation eines Vektors aus dem kartesischen Koordinatensystem ins Zylinder-koordinatensystem [5]:

$$\vec{v}(r, \varphi, z) = \begin{pmatrix} v_x \cdot \cos\varphi + v_y \cdot \sin\varphi \\ -v_x \cdot \sin\varphi + v_y \cdot \cos\varphi \\ v_z \end{pmatrix} \tag{4.118}$$

Daraus ergibt sich für diese Aufgabe

$$\vec{v} = \omega \cdot \begin{pmatrix} (n_y \cdot z - n_z \cdot r \cdot \sin\varphi) \cdot \cos\varphi + (n_z \cdot r \cdot \cos\varphi - n_x \cdot z) \cdot \sin\varphi \\ -(n_y \cdot z - n_z \cdot r \cdot \sin\varphi) \cdot \sin\varphi + (n_z \cdot r \cdot \cos\varphi - n_x \cdot z) \cdot \cos\varphi \\ n_x \cdot r \cdot \sin\varphi - n_y \cdot r \cdot \cos\varphi \end{pmatrix}$$
$$\tag{4.119}$$

$$\vec{v} = \omega \cdot \begin{pmatrix} n_y \cdot z \cdot \cos\varphi - n_z \cdot r \cdot \sin\varphi \cdot \cos\varphi + n_z \cdot r \cdot \cos\varphi \cdot \sin\varphi - n_x \cdot z \cdot \sin\varphi \\ -n_y \cdot z \cdot \sin\varphi + n_z \cdot r \cdot \sin\varphi \cdot \sin\varphi + n_z \cdot r \cdot \cos\varphi \cdot \cos\varphi - n_x \cdot z \cdot \cos\varphi \\ n_x \cdot r \cdot \sin\varphi - n_y \cdot r \cdot \cos\varphi \end{pmatrix}$$
$$\tag{4.120}$$

$$\vec{v} = \omega \cdot \begin{pmatrix} n_y \cdot z \cdot \cos \varphi - n_x \cdot z \cdot \sin \varphi \\ -n_y \cdot z \cdot \sin \varphi - n_x \cdot z \cdot \cos \varphi + n_z \cdot r \\ n_x \cdot r \cdot \sin \varphi - n_y \cdot r \cdot \cos \varphi \end{pmatrix} \tag{4.121}$$

$$rot\,\vec{v} = \omega \cdot rot \begin{pmatrix} n_y \cdot z \cdot \cos \varphi - n_x \cdot z \cdot \sin \varphi \\ -n_y \cdot z \cdot \sin \varphi - n_x \cdot z \cdot \cos \varphi + n_z \cdot r \\ n_x \cdot r \cdot \sin \varphi - n_y \cdot r \cdot \cos \varphi \end{pmatrix} \tag{4.122}$$

$$rot\,\vec{u} = \begin{pmatrix} \frac{1}{r} \cdot \frac{du_z}{d\varphi} - \frac{du_\varphi}{dz} \\ \frac{du_r}{dz} - \frac{du_z}{dr} \\ \frac{1}{r} \cdot \frac{d(r \cdot u_\varphi)}{dr} - \frac{1}{r} \cdot \frac{du_r}{d\varphi} \end{pmatrix} \cdot \begin{pmatrix} \vec{e_r} \\ \vec{e_\varphi} \\ \vec{e_z} \end{pmatrix} \tag{4.123}$$

$$rot\,\vec{v} = \omega \cdot \begin{pmatrix} \frac{1}{r} \cdot \frac{d}{d\varphi} \cdot (n_x \cdot r \cdot \sin \varphi - n_y \cdot r \cdot \cos \varphi) - \frac{d}{dz} \cdot (-n_y \cdot z \cdot \sin \varphi - n_x \cdot z \cdot \cos \varphi + n_z \cdot r) \\ \frac{d}{dz} \cdot (n_y \cdot z \cdot \cos \varphi - n_x \cdot z \cdot \sin \varphi) - \frac{d}{dr} \cdot (n_x \cdot r \cdot \sin \varphi - n_y \cdot r \cdot \cos \varphi) \\ \frac{1}{r} \cdot \frac{d(r \cdot (-n_y \cdot z \cdot \sin \varphi - n_x \cdot z \cdot \cos \varphi + n_z \cdot r))}{dr} - \frac{1}{r} \cdot \frac{d}{d\varphi} \cdot (n_y \cdot z \cdot \cos \varphi - n_x \cdot z \cdot \sin \varphi) \end{pmatrix} \tag{4.124}$$

$$rot\,\vec{v} = \omega \cdot \begin{pmatrix} \frac{1}{r} \cdot (n_x \cdot r \cdot \cos \varphi + n_y \cdot r \cdot \sin \varphi) - (-n_y \cdot \sin \varphi - n_x \cdot \cos \varphi) \\ (n_y \cdot \cos \varphi - n_x \cdot \sin \varphi) - (n_x \cdot \sin \varphi - n_y \cdot \cos \varphi) \\ \frac{1}{r} \cdot (-n_y \cdot z \cdot \sin \varphi - n_x \cdot z \cdot \cos \varphi + 2 \cdot n_z \cdot r) - \frac{1}{r} \cdot (-n_y \cdot z \cdot \sin \varphi - n_x \cdot z \cdot \cos \varphi) \end{pmatrix} \tag{4.125}$$

$$rot\,\vec{v} = 2 \cdot \omega \cdot \begin{pmatrix} n_x \cdot \cos \varphi + n_y \cdot \sin \varphi \\ -n_x \cdot \sin \varphi + n_y \cdot \cos \varphi \\ \frac{n_z \cdot r}{r} \end{pmatrix} \tag{4.126}$$

Transformation eines Vektors von Zylinderkoordinaten zu kartesischen Koordinaten [5]:

$$\vec{v}(x, y, z) = \begin{pmatrix} v_x \\ v_y \\ v_z \end{pmatrix} = \begin{pmatrix} v_r \cdot \cos \varphi - v_\varphi \cdot \sin \varphi \\ v_r \cdot \sin \varphi + v_\varphi \cdot \cos \varphi \\ v_z \end{pmatrix} \tag{4.127}$$

Daraus ergibt sich für diese Aufgabe für die Zurücktransformation des Vektors in kartesische Koordinatensystem

$$rot\,\vec{v} = 2 \cdot \omega \cdot \begin{pmatrix} (n_x \cdot \cos \varphi + n_y \cdot \sin \varphi) \cdot \cos \varphi - (-n_x \cdot \sin \varphi + n_y \cdot \cos \varphi) \cdot \sin \varphi \\ (n_x \cdot \cos \varphi + n_y \cdot \sin \varphi) \cdot \sin \varphi + (-n_x \cdot \sin \varphi + n_y \cdot \cos \varphi) \cdot \cos \varphi \\ \frac{n_z \cdot r}{r} \end{pmatrix} \tag{4.128}$$

$$rot\,\vec{v} = 2 \cdot \omega \cdot \begin{pmatrix} n_x \\ n_y \\ n_z \end{pmatrix} \tag{4.129}$$

$$rot\,\overrightarrow{v} = 2 \cdot \omega \cdot \overrightarrow{n} \tag{4.130}$$

q.e.d.

Das bedeutet, solange das Vektorfeld r sich auf eine Ebene parallel zu der von der x- und der y-Achse aufgespannten Ebene beschränkt (z ist unabhängig von der Laufvariablen φ), ist die im [5] beschriebene Rotationsfunktion gültig.

Erweitert man das Vektorfeld r dergestalt, dass die Ebene, auf der sich das Vektorfeld befindet, um den Winkel α um die x-Achse gekippt wird, so geschieht folgendes:

$$\overrightarrow{v} = \omega \cdot \left(\overrightarrow{n} \times \overrightarrow{r} \right) \tag{4.131}$$

Mit

$$\overrightarrow{n} = \begin{pmatrix} n_x \\ n_y \\ n_z \end{pmatrix} \tag{4.132}$$

und

$$\overrightarrow{r} = \begin{pmatrix} r \cdot \cos\varphi \\ r \cdot \cos\alpha \cdot \sin\varphi \\ r \cdot \sin\alpha \cdot \sin\varphi \end{pmatrix} \tag{4.133}$$

wird

$$\overrightarrow{v} = \omega \cdot \left(\begin{pmatrix} n_x \\ n_y \\ n_z \end{pmatrix} \times \begin{pmatrix} r \cdot \cos\varphi \\ r \cdot \cos\alpha \cdot \sin\varphi \\ r \cdot \sin\alpha \cdot \sin\varphi \end{pmatrix} \right) \tag{4.134}$$

$$\overrightarrow{v} = \omega \cdot \begin{pmatrix} n_y \cdot r \cdot \sin\alpha \cdot \sin\varphi - n_z \cdot r \cdot \cos\alpha \cdot \sin\varphi \\ n_z \cdot r \cdot \cos\varphi - n_x \cdot r \cdot \sin\alpha \cdot \sin\varphi \\ n_x \cdot r \cdot \cos\alpha \cdot \sin\varphi - n_y \cdot r \cdot \cos\varphi \end{pmatrix} \tag{4.135}$$

Transformation ins Zylinderkoordinatensystem mit

$$\overrightarrow{v}\,(r,\varphi,z) = \begin{pmatrix} v_x \cdot \cos\varphi + v_y \cdot \sin\varphi \\ -v_x \cdot \sin\varphi + v_y \cdot \cos\varphi \\ v_z \end{pmatrix} \tag{4.136}$$

ergibt

$$\overrightarrow{v}\,(r,\varphi,z) = \omega \cdot \begin{pmatrix} (n_y \cdot r \cdot \sin\alpha \cdot \sin\varphi - n_z \cdot r \cdot \cos\alpha \cdot \sin\varphi) \cdot \cos\varphi + (n_z \cdot r \cdot \cos\varphi - n_x \cdot r \cdot \sin\alpha \cdot \sin\varphi) \cdot \sin\varphi \\ -(n_y \cdot r \cdot \sin\alpha \cdot \sin\varphi - n_z \cdot r \cdot \cos\alpha \cdot \sin\varphi) \cdot \sin\varphi + (n_z \cdot r \cdot \cos\varphi - n_x \cdot r \cdot \sin\alpha \cdot \sin\varphi) \cdot \cos\varphi \\ n_x \cdot r \cdot \cos\alpha \cdot \sin\varphi - n_y \cdot r \cdot \cos\varphi \end{pmatrix}$$

$$\tag{4.137}$$

$$\vec{v}(r,\varphi,z) = \omega \cdot \begin{pmatrix} -n_x \cdot r \cdot \sin\alpha \cdot \sin\varphi \cdot \sin\varphi + n_y \cdot r \cdot \sin\alpha \cdot \sin\varphi \cdot \cos\varphi \\ -n_z \cdot r \cdot \cos\alpha \cdot \sin\varphi \cdot \cos\varphi + n_z \cdot r \cdot \cos\varphi \cdot \sin\varphi \\ -n_x \cdot r \cdot \sin\alpha \cdot \sin\varphi \cdot \cos\varphi - n_y \cdot r \cdot \sin\alpha \cdot \sin\varphi \cdot \sin\varphi \\ +n_z \cdot r \cdot \cos\alpha \cdot \sin\varphi \cdot \sin\varphi + n_z \cdot r \cdot \cos\varphi \cdot \cos\varphi \\ n_x \cdot r \cdot \cos\alpha \cdot \sin\varphi - n_y \cdot r \cdot \cos\varphi \end{pmatrix}$$

$$(4.138)$$

Anwenden der Rotationsfunktion

$$rot\,\vec{v}(r,\varphi,z) = \omega \cdot rot \begin{pmatrix} -n_x \cdot r \cdot \sin\alpha \cdot \sin\varphi \cdot \sin\varphi + n_y \cdot r \cdot \sin\alpha \cdot \sin\varphi \cdot \cos\varphi \\ -n_z \cdot r \cdot \cos\alpha \cdot \sin\varphi \cdot \cos\varphi + n_z \cdot r \cdot \cos\varphi \cdot \sin\varphi \\ -n_x \cdot r \cdot \sin\alpha \cdot \sin\varphi \cdot \cos\varphi - n_y \cdot r \cdot \sin\alpha \cdot \sin\varphi \cdot \sin\varphi \\ +n_z \cdot r \cdot \cos\alpha \cdot \sin\varphi \cdot \sin\varphi + n_z \cdot r \cdot \cos\varphi \cdot \cos\varphi \\ n_x \cdot r \cdot \cos\alpha \cdot \sin\varphi - n_y \cdot r \cdot \cos\varphi \end{pmatrix}$$

$$(4.139)$$

$$rot\,\vec{v}(r,\varphi,z) = \omega \cdot \begin{pmatrix} \frac{1}{r} \cdot \frac{d}{d\varphi} \cdot \left(n_x \cdot r \cdot \cos\alpha \cdot \sin\varphi - n_y \cdot r \cdot \cos\varphi \right) \\ -\frac{d}{dz} \cdot \begin{pmatrix} -n_x \cdot r \cdot \sin\alpha \cdot \sin\varphi \cdot \cos\varphi - n_y \cdot r \cdot \sin\alpha \cdot \sin\varphi \cdot \sin\varphi \\ +n_z \cdot r \cdot \cos\alpha \cdot \sin\varphi \cdot \sin\varphi + n_z \cdot r \cdot \cos\varphi \cdot \cos\varphi \end{pmatrix} \\ \frac{d}{dz} \cdot \begin{pmatrix} -n_x \cdot r \cdot \sin\alpha \cdot \sin\varphi \cdot \sin\varphi + n_y \cdot r \cdot \sin\alpha \cdot \sin\varphi \cdot \cos\varphi \\ -n_z \cdot r \cdot \cos\alpha \cdot \sin\varphi \cdot \cos\varphi + n_z \cdot r \cdot \cos\varphi \cdot \sin\varphi \end{pmatrix} \\ -\frac{d}{dr} \cdot \left(n_x \cdot r \cdot \cos\alpha \cdot \sin\varphi - n_y \cdot r \cdot \cos\varphi \right) \\ \frac{1}{r} \cdot \dfrac{d\left(r \cdot \begin{pmatrix} -n_x \cdot r \cdot \sin\alpha \cdot \sin\varphi \cdot \cos\varphi - n_y \cdot r \cdot \sin\alpha \cdot \sin\varphi \cdot \sin\varphi \\ +n_z \cdot r \cdot \cos\alpha \cdot \sin\varphi \cdot \sin\varphi + n_z \cdot r \cdot \cos\varphi \cdot \cos\varphi \end{pmatrix} \right)}{dr} \\ -\frac{1}{r} \cdot \frac{d}{d\varphi} \cdot \begin{pmatrix} -n_x \cdot r \cdot \sin\alpha \cdot \sin\varphi \cdot \sin\varphi + n_y \cdot r \cdot \sin\alpha \cdot \sin\varphi \cdot \cos\varphi \\ -n_z \cdot r \cdot \cos\alpha \cdot \sin\varphi \cdot \cos\varphi + n_z \cdot r \cdot \cos\varphi \cdot \sin\varphi \end{pmatrix} \end{pmatrix}$$

$$(4.140)$$

$$rot\,\vec{v}(r,\varphi,z) = \omega \cdot \begin{pmatrix} n_x \cdot \cos\alpha \cdot \cos\varphi + n_y \cdot \sin\varphi \\ -n_x \cdot \cos\alpha \cdot \sin\varphi + n_y \cdot \cos\varphi \\ -2 \cdot n_x \cdot \sin\alpha \cdot \sin\varphi \cdot \cos\varphi - 2 \cdot n_y \cdot \sin\alpha \cdot \sin\varphi \cdot \sin\varphi \\ +2 \cdot n_z \cdot \cos\alpha \cdot \sin\varphi \cdot \sin\varphi + 2 \cdot n_z \cdot \cos\varphi \cdot \cos\varphi \\ -\frac{d}{d\varphi} \cdot \begin{pmatrix} -n_x \cdot \sin\alpha \cdot \sin\varphi \cdot \sin\varphi + n_y \cdot \sin\alpha \cdot \sin\varphi \cdot \cos\varphi \\ -n_z \cdot \cos\alpha \cdot \sin\varphi \cdot \cos\varphi + n_z \cdot \cos\varphi \cdot \sin\varphi \end{pmatrix} \end{pmatrix}$$

$$(4.141)$$

Nebenrechnung oder [5]:

$$\frac{d}{d\varphi}(\sin\varphi \cdot \sin\varphi) = 2 \cdot \cos\varphi \cdot \sin\varphi \tag{4.142}$$

$$\frac{d}{d\varphi}(\sin\varphi \cdot \cos\varphi) = (\cos\varphi \cdot \cos\varphi - \sin\varphi \cdot \sin\varphi) \tag{4.143}$$

Ende Nebenrechnung

$$rot\,\vec{v}\,(r,\varphi,z) = \omega \cdot \begin{pmatrix} n_x \cdot \cos\alpha \cdot \cos\varphi + n_y \cdot \sin\varphi \\ -n_x \cdot \cos\alpha \cdot \sin\varphi + n_y \cdot \cos\varphi \\ \begin{pmatrix} -2 \cdot n_x \cdot \sin\alpha \cdot \sin\varphi \cdot \cos\varphi - 2 \cdot n_y \cdot \sin\alpha \cdot \sin\varphi \cdot \sin\varphi \\ +2 \cdot n_z \cdot \cos\alpha \cdot \sin\varphi \cdot \sin\varphi + 2 \cdot n_z \cdot \cos\varphi \cdot \cos\varphi \\ -\begin{pmatrix} -n_x \cdot \sin\alpha \cdot 2 \cdot \cos\varphi \cdot \sin\varphi + n_y \cdot \sin\alpha \cdot (\cos\varphi \cdot \cos\varphi - \sin\varphi \cdot \sin\varphi) \\ -n_z \cdot \cos\alpha \cdot (\cos\varphi \cdot \cos\varphi - \sin\varphi \cdot \sin\varphi) + n_z \cdot (\cos\varphi \cdot \cos\varphi - \sin\varphi \cdot \sin\varphi) \end{pmatrix} \end{pmatrix} \end{pmatrix} \tag{4.144}$$

$$rot\,\vec{v}\,(r,\varphi,z) = \omega \cdot \begin{pmatrix} n_x \cdot \cos\alpha \cdot \cos\varphi + n_y \cdot \sin\varphi \\ -n_x \cdot \cos\alpha \cdot \sin\varphi + n_y \cdot \cos\varphi \\ -2 \cdot n_x \cdot \sin\alpha \cdot \sin\varphi \cdot \cos\varphi - 2 \cdot n_y \cdot \sin\alpha \cdot \sin\varphi \cdot \sin\varphi \\ +2 \cdot n_z \cdot \cos\alpha \cdot \sin\varphi \cdot \sin\varphi + 2 \cdot n_z \cdot \cos\varphi \cdot \cos\varphi \\ +n_x \cdot \sin\alpha \cdot 2 \cdot \cos\varphi \cdot \sin\varphi \\ -n_y \cdot \sin\alpha \cdot \cos\varphi \cdot \cos\varphi + n_y \cdot \sin\alpha \cdot \sin\varphi \cdot \sin\varphi \\ +n_z \cdot \cos\alpha \cdot \cos\varphi \cdot \cos\varphi - n_z \cdot \cos\alpha \cdot \sin\varphi \cdot \sin\varphi \\ -n_z \cdot \cos\varphi \cdot \cos\varphi + n_z \cdot \sin\varphi \cdot \sin\varphi \end{pmatrix} \tag{4.145}$$

$$rot\,\vec{v}\,(r,\varphi,z) = \omega \cdot \begin{pmatrix} n_x \cdot \cos\alpha \cdot \cos\varphi + n_y \cdot \sin\varphi \\ -n_x \cdot \cos\alpha \cdot \sin\varphi + n_y \cdot \cos\varphi \\ -2 \cdot n_x \cdot \sin\alpha \cdot \sin\varphi \cdot \cos\varphi + 2 \cdot n_x \cdot \sin\alpha \cdot \cos\varphi \cdot \sin\varphi \\ -2 \cdot n_y \cdot \sin\alpha \cdot \sin\varphi \cdot \sin\varphi \\ -n_y \cdot \sin\alpha \cdot \cos\varphi \cdot \cos\varphi + n_y \cdot \sin\alpha \cdot \sin\varphi \cdot \sin\varphi \\ +2 \cdot n_z \cdot \cos\alpha \cdot \sin\varphi \cdot \sin\varphi + 2 \cdot n_z \cdot \cos\varphi \cdot \cos\varphi \\ +n_z \cdot \cos\alpha \cdot \cos\varphi \cdot \cos\varphi - n_z \cdot \cos\alpha \cdot \sin\varphi \cdot \sin\varphi \\ -n_z \cdot \cos\varphi \cdot \cos\varphi + n_z \cdot \sin\varphi \cdot \sin\varphi \end{pmatrix} \tag{4.146}$$

$$rot\,\vec{v}\,(r,\varphi,z) = \omega \cdot \begin{pmatrix} n_x \cdot \cos\alpha \cdot \cos\varphi + n_y \cdot \sin\varphi \\ -n_x \cdot \cos\alpha \cdot \sin\varphi + n_y \cdot \cos\varphi \\ -n_y \cdot \sin\alpha + n_z \cdot \cos\alpha + n_z \end{pmatrix} \tag{4.147}$$

Zurücktransformieren zu kartesischen Koordinaten:

$$rot\,\vec{v}\,(x,y,z) = \omega \cdot \begin{pmatrix} (n_x \cdot \cos\alpha \cdot \cos\varphi + n_y \cdot \sin\varphi) \cdot \cos\varphi \\ -(-n_x \cdot \cos\alpha \cdot \sin\varphi + n_y \cdot \cos\varphi) \cdot \sin\varphi \\ (n_x \cdot \cos\alpha \cdot \cos\varphi + n_y \cdot \sin\varphi) \cdot \sin\varphi \\ +(-n_x \cdot \cos\alpha \cdot \sin\varphi + n_y \cdot \cos\varphi) \cdot \cos\varphi \\ -n_y \cdot \sin\alpha + n_z \cdot \cos\alpha + n_z \end{pmatrix} \quad (4.148)$$

$$rot\,\vec{v}\,(x,y,z) = \omega \cdot \begin{pmatrix} n_x \cdot \cos\alpha \cdot \cos\varphi \cdot \cos\varphi + n_y \cdot \sin\varphi \cdot \cos\varphi \\ +n_x \cdot \cos\alpha \cdot \sin\varphi \cdot \sin\varphi - n_y \cdot \cos\varphi \cdot \sin\varphi \\ n_x \cdot \cos\alpha \cdot \cos\varphi \cdot \sin\varphi + n_y \cdot \sin\varphi \cdot \sin\varphi \\ -n_x \cdot \cos\alpha \cdot \sin\varphi \cdot \cos\varphi + n_y \cdot \cos\varphi \cdot \cos\varphi \\ -n_y \cdot \sin\alpha + n_z \cdot \cos\alpha + n_z \end{pmatrix} \quad (4.149)$$

$$rot\,\vec{v}\,(x,y,z) = \omega \cdot \begin{pmatrix} n_x \cdot \cos\alpha \\ n_y \\ -n_y \cdot \sin\alpha + n_z \cdot \cos\alpha + n_z \end{pmatrix} \quad (4.150)$$

Für $\alpha = 0$ ergibt sich

$$rot\,\vec{v}\,(x,y,z) = \omega \cdot \begin{pmatrix} n_x \\ n_y \\ 2 \cdot n_z \end{pmatrix} \quad (4.151)$$

Weil $n_x = n_y = 0$ gilt

$$rot\,\vec{v}\,(x,y,z) = 2 \cdot \omega \cdot \begin{pmatrix} n_x \\ n_y \\ n_z \end{pmatrix} \quad (4.152)$$

Das Ergebnis entspricht dem weiter oben erarbeiteten.

Für $\alpha = 90°$ ergibt sich

$$rot\,\vec{v}\,(x,y,z) = \omega \cdot \begin{pmatrix} 0 \\ n_y \\ -n_y + n_z \end{pmatrix} \quad (4.153)$$

Da die Ebene um die x-Achse gekippt wird, ist $n_x = n_z = 0$.

Damit wird

$$rot\,\vec{v}\,(x,y,z) = \omega \cdot \begin{pmatrix} 0 \\ n_y \\ -n_y \end{pmatrix} \quad (4.154)$$

Das ist nicht

$$rot\,\overrightarrow{v}\,(x,y,z) = 2 \cdot \omega \cdot \begin{pmatrix} n_x \\ n_y \\ n_z \end{pmatrix} \qquad (4.156)$$

Daraus folgt, dass die Rotationsfunktion nur angewendet werden kann, wenn das Vektorfeld ein planares Vektorfeld auf der x–y-Ebene ist. Ein entsprechender Hinweis findet sich auch in [6].

Eine sinnvolle Anwendung der Rotationsfunktion in (komplexeren) dreidimensionalen Feldern, wie es von der Toroiden Wendel beschrieben wird, ist damit nicht möglich.

Man kann die grundsätzliche Erkenntnis aus der Rotationsfunktion in der differenziellen Form der Maxwell'schen Gleichungen, dass das elektrische und das magnetische Feld aufeinander senkrecht stehen und umeinander zirkulieren, jedoch dafür verwenden, die Funktionen in der Toroiden Wendel zu beschreiben und unter anderem die Ursache für die Oszillationen herzuleiten.

Eine mögliche Ursache für die unvollständige Anwendbarkeit der Rotationsfunktion mag darin liegen, dass die Koordinatentransformation zwischen dem Zylinder- und dem kartesischen Koordinatensystem, wie von [5] beschrieben, nur eingeschränkt gültig ist (siehe Kapitel 10 Koordinatentransformationen).

4.2   Die Photonenmasse

In der Natur vorkommende Frequenzen elektromagnetischen Ursprungs lassen sich folgendermaßen in Spektren aufteilen [7] (Tab. 4.1):

Um sich der Frage nach der Größe der Wendelstruktur gemäß Kap. 4 zu nähern, werden die physikalischen Grundbausteine betrachtet [8]:

Die räumlichen Abmessungen der in dem Standardmodell gelisteten Elemente bewegen sich in folgenden Größenbereichen:

Elektron [9]: 10^{-19} m bis punktförmig
Myon [10]: punktförmig
Tau: keine Information

Es ist davon auszugehen, dass die Wellenlänge der Grundfrequenz, in der die Toroiden Wendeln schwingen, höchstens im Bereich 10^{-19} m liegt, weil sich ausbildende Wellen im Größenbereich des Durchmessers der Toroiden Wendel liegen müssen.

Weiterhin ist davon auszugehen, dass die Frequenz für die Anregung der Toroiden Wendeln, die Frequenz für die laterale und die Frequenz für die longitudinale Grundschwingung identisch sind, wobei „longitudinale Grundschwingung" bedeutet, dass als Ergebnisfeld das elektrische Gleichfeld erzeugt wird.

Tab. 4.1 Elektromagnetisches Spektrum

Bezeichnung des Frequenzbereichs	Unterbezeichnung	Wellenlänge		Frequenz		Photonenenergie	Erzeugung/Anregung	Technischer Einsatz
		von	bis	von	bis			
Niederfrequenz	Extremely Low Frequency (ELF)	10 Mm	100 Mm	3 Hz	30 Hz	$>2,0 \times 10^{-33}$ J >12 feV	Bodendipol, Antennenanlagen	Bahnstrom
	Super Low Frequency (SLF)	1 Mm	10 Mm	30 Hz	300 Hz	$>2,0 \times 10^{-32}$ J >120 feV		Netzfrequenz, ehem. U-Boot-Komm.
	Ultra Low Frequency (ULF)	100 km	1000 km	300 Hz	3 kHz	$>2,0 \times 10^{-31}$ J $>1,2$ peV		
	Very Low Frequency (VLF), Längstwellen (SLW)	10 km	100 km	3 kHz	30 kHz	$>2,0 \times 10^{-30}$ J >12 peV		U-Boot-Komm., Funktnav., Pulsuhren

(Fortsetzung)

Tab. 4.1 (Fortsetzung)

Bezeichnung des Frequenzbereichs	Unterbezeichnung	Wellenlänge		Frequenz		Photonenenergie	Erzeugung/Anregung	Technischer Einsatz
		von	bis	von	bis			
Radiowellen	Langwelle (LW)	1 km	10 km	30 kHz	300 kHz	$>2,0 \times 10^{-29}$ J >120 peV	Oszillatorschaltung + Antenne	Langwellen-RF, DCF 77
	Mittelwelle (MW)	100 m	1000 m	300 kHz	3 MHz	$>2,0 \times 10^{-28}$ J $>1,2$ neV		Mittelwellen-RF, HF-Chirurgie, Grenzwelle Kurzwellen-RF
	Kurzwelle (KW)	10 m	100 m	3 MHz	30 MHz	$>2,0 \times 10^{-27}$ J >12 neV		Grenzwelle Kurzwellen-RF, Diathermie, RC-Modellbau
	Ultrakurzwelle (UKW)	1 m	10 m	0 MHz	300 MHz	$>2,0 \times 10^{-26}$ J >120 neV	Anregung von Kernspinresonanz	Hörfunk, Fernsehen, Radar, Magnetresonanztomografie
Mikrowellen	Dezimeterwellen	10 cm	1 m	300 MHz	3 GHz	$>2,0 \times 10^{-25}$ J $>1,2$ µeV	Magnetron, Klystron, Maser, kosmische Hintergrundstrahlung	Radar, Magnetresonanztomografie, Mobilfunk, Fernsehen, Mikrowellenherd, WLAN, Bluetooth, GPS
	Zentimeterwellen	1 cm	10 cm	3 GHz	30 GHz	$>2,0 \times 10^{-24}$ J >12 µeV	Anregung von Kernspinresonanz	Radar, Radioastronomie, Richtfunk, Satellitenrundfunk, WLAN
	Millimeterwellen	1 mm	1 cm	30 GHz	300 GHz	$>2,0 \times 10^{-23}$ J >120 µeV	und Elektronenspinresonanz, Molekülrotationen	Radar, Radioastronomie, Richtfunk
Terahertzstrahlung		30 µm	3 mm	0,1 THz	10 THz	$>6,6 \times 10^{-23}$ J $>0,4$ meV	Synchrotron, Freie-Elektronen-Laser	Radioastronomie, Spektroskopie, Abbildungsverfahren, Sicherheitstechnik

(Fortsetzung)

Tab. 4.1 (Fortsetzung)

Bezeichnung des Frequenzbereichs	Unterbezeichnung	Wellenlänge		Frequenz		Photonenenergie	Erzeugung/Anregung	Technischer Einsatz
		von	bis	von	bis			
Infrarotstrahlung (Wärmestrahlung)	Fernes Infrarot	50 µm	1 mm	300 GHz	6 THz	$>2{,}0 \times 10^{-22}$ J $>1{,}2$ meV	Wärmestrahler, Synchrotron	Infrarotspektroskopie, Ramanspektroskopie, Infrarotastronomie
	Mittleres Infrarot	3,0 µm	50 µm	6 THz	100 THz	$>4{,}0 \times 10^{-21}$ J >25 meV	Kohlendioxidlaser, Quantenkaskadenlaser	Thermografie
	Nahes Infrarot	780 nm	3,0 µm	100 THz	385 THz	$>8{,}0 \times 10^{-20}$ J >500 meV	Nd:YAG-Laser, Laserdiode	Fernbedienung, Datenkommunikation (IRDA), CD
Licht	Rot	640 nm	780 nm	384 THz	468 THr	1,6–1,95 eV	Wärmestrahler (Glühlampe), Gasentladung (Leuchtstoffröhre), Farbstoff- und andere Laser, Synchrotron	DVD, Laserpointer, Rot, Grün: Lasernivellierer, Beleuchtung, Colorimetrie, Fotometrie, Rot, Gelb, Grün: Lichtzeichenanlage, Violett: Blu-ray Disc
	Orange	600 nm	640 nm	468 THz	500 THz	1, 95–2,06 eV		
	Gelb	570 nm	600 nm	500 THz	526 THz	2,06–2,17 eV		
	Grün	490 nm	570 nm	526 THz	612 THz	2,17–2,53 eV		
	Blau	430 nm	490 nm	612 THz	697 THz	2,53–2,88 eV		
	Violett	380 nm	430 nm	697 THz	789 THz	$>4{,}6 \times 10^{-19}$ J $>2{,}9$ eV	Anregung von Valenzelektronen	

(Fortsetzung)

Tab. 4.1 (Fortsetzung)

Bezeichnung des Frequenzbereichs	Unterbezeichnung	Wellenlänge		Frequenz		Photonenenergie	Erzeugung/Anregung	Technischer Einsatz
		von	bis	von	bis			
UV-Strahlen	schwache UV-Strahlen	200 nm	380 nm	789 THz	1,5 PHz	$>5,2 \times 10^{-19}$ J $>3,3$ eV	Gasentladung, Synchrotron, Excimerlaser	Schwarzlicht, Fluoreszenz, Phosphoreszenz, Banknotenprüfung, Fotolithografie, Desinfektion, UV-Licht, Spektroskopie
	starke UV-Strahlen	50 nm	200 nm	1,5 PHz	6 PHz	$>9,9 \times 10^{-19}$ J $>6,2$ eV		
	XUV	1 nm	50 nm	6 PHz	300 PHz	$>5,0 \times 10^{-18}$ J 20 – 1000 eV	XUV-Röhre, Synchrotron, Nanoplasma	EUV-Lithografie, Röntgenmikroskopie, Nanoskopie
Röntgenstrahlen		10 pm	1 nm	300 PHz	30 EHz	$>2,0 \times 10^{-16}$ J >1 keV	Röntgenröhre, Synchrotron, Anregung von inneren Elektronen, Augerelektronen	medizinische Diagnostik, Sicherheitstechnik, Röntgenstrukturanalyse, Röntgenbeugung, Photoelektronenspektroskopie, Röntgenabsorptionsspektroskopie
Gammastrahlen		80 fm	10 pm	30 EHz	3,75 ZHz	$>2,0 \times 10^{-14}$ J >120 keV	Radioaktivität, Annihilation, Anregung von Kernzuständen	medizinische Strahlentherapie, Mößbauerspektroskopie
(Höhenstrahlen)		1 fm	80 fm	3,75 ZHz	300 ZHz (10^{21})			

Die Ruhemasse des Elektrons liegt bei $9{,}10938356 \cdot 10^{-31}$ kg.

Die elektrische Ladung des Elektrons liegt bei $-1{,}6021766208 \cdot 10^{-19}$ As.

Setzt man die beiden, aus diesen Größen resultierenden Kräfte ins Verhältnis, erhält man einen Faktor, der etwas über den Größenunterschied der beiden Kräfte aussagt.

Zwei Elektronen stoßen sich einerseits ab, weil sie gleiche elektrische Ladung haben; andererseits ziehen sie sich an, weil sie eine Masse haben.

$$F_e = \frac{q_1 \cdot q_2}{4 \cdot \pi \cdot \varepsilon_0 \cdot \varepsilon_r \cdot r^2} \tag{4.157}$$

$$F_g = \frac{g \cdot m_1 \cdot m_2}{r^2} \tag{4.158}$$

Aus diesen beiden Kräften wird nun das Verhältnis ermittelt, um das Verhältnis für die geometrischen Abmessungen der Toroiden Wendel hinsichtlich des Durchmessers des Ringes und des Durchmessers des Toroidkörpers zu bekommen.

$$a = \frac{F_e}{F_g} \tag{4.159}$$

$$a = \frac{\frac{q_1 \cdot q_2}{4 \cdot \pi \cdot \varepsilon_0 \cdot \varepsilon_r \cdot r^2}}{\frac{g \cdot m_1 \cdot m_2}{r^2}} \tag{4.160}$$

$$a = \frac{q_1 \cdot q_2}{4 \cdot \pi \cdot \varepsilon_0 \cdot \varepsilon_r \cdot g \cdot m_1 \cdot m_2} \tag{4.161}$$

$$a = \frac{\left(-1{,}6021766208 \cdot 10^{-19} As\right)^2}{4 \cdot \pi \cdot 8{,}85418781762 \cdot 10^{-12} \frac{As}{Vm} \cdot 6{,}67408 \cdot 10^{-11} \frac{m^3}{kg \cdot s^2} \cdot \left(9{,}10938356 \cdot 10^{-31} kg\right)^2} \tag{4.162}$$

$$a = \frac{(-1{,}6021766208)^2}{4 \cdot \pi \cdot 8{,}85418781762 \cdot 6{,}67408 \cdot (9{,}10938356)^2} \cdot \frac{10^{-38}}{10^{-12} \cdot 10^{-11} \cdot 10^{-62}} \frac{A^2 \cdot s^2}{\frac{As}{Vm} \cdot \frac{m^3}{kg \cdot s^2} \cdot kg^2} \tag{4.163}$$

$$a = \frac{1{,}6021766208^2}{4 \cdot \pi \cdot 8{,}85418781762 \cdot 6{,}67408 \cdot 9{,}10938356^2} \cdot 10^{47} \frac{A^2 \cdot s^2 \cdot V \cdot m \cdot kg \cdot s^2}{A \cdot s \cdot m^3 \cdot kg^2} \tag{4.164}$$

$$a = 1{,}27760825512997 \cdot 10^{45} \frac{A \cdot V \cdot s^3}{m^2 \cdot kg} \tag{4.165}$$

Nebenrechnung:

Elektrische Leistung:

$$P_{el} = U \cdot I [V \cdot A] \tag{4.166}$$

Mechanische Leistung:

$$P_{mech} = \frac{m \cdot a \cdot s}{t} \left[\frac{kg \cdot m \cdot m}{s^2 \cdot s} \right] \tag{4.167}$$

Ende der Nebenrechnung

$$a = 1{,}27760825512997 \cdot 10^{45} \tag{4.168}$$

Dieser Faktor a stellt das Verhältnis der Kräfte dar, die durch das Quadrat der beiden elektromagnetischen Effekte aus der Toroiden Wendel entstehen. Das Quadrat wird betrachtet, weil in den beiden Berechnungen die Multiplikationen der Massen einerseits und der Ladungen andererseits auftauchen ($m_1 \cdot m_2$ bzw. $q_1 \cdot q_2$).

Durch Wurzelziehen aus a kann nun das Verhältnis der beiden elektromagnetischen Effekte ermittelt werden:

$$v_{ef} = \sqrt{a} \tag{4.169}$$

$$v_{ef} = \sqrt{1{,}27760825512997 \cdot 10^{45}} \tag{4.170}$$

$$v_{ef} = \sqrt{12{,}7760825512997} \cdot \sqrt{10^{44}} \tag{4.171}$$

$$v_{ef} = 3{,}57436463602969 \cdot 10^{22} \tag{4.172}$$

Das bedeutet, dass das Verhältnis zwischen dem kleinstmöglichen gravitativen Element (Photon?) und dem kleinstmöglichen elektrischen Element mindestens im Bereich 10^{29} liegt, weil die Masse des Elektrons mindestens um den Faktor 10^6 größer ist als die kleinste Masse der Elementarteile (siehe Standardmodell Übersicht, Tab. 4.2). Die Masse des Photons liegt damit im Bereich $10^{-37} \ldots 10^{-38}$ kg. Diese Abschätzung basiert auf der eingangs formulierten Annahme, dass die sich in Masse ausdrückende Gravitationskraft ein elektromagnetischer Effekt ist.

Betrachtet man die Berechnung des Abweichungswinkels γ bzw. die Maximalwerte für den Winkel in Abhängigkeit vom Winkel α, so lässt sich folgende Abhängigkeit erkennen:

$$\gamma = \arccos \frac{2 \cdot a^2}{\sqrt{\cos^4 (a \cdot \alpha) + 4 \cdot a^4}} \tag{4.173}$$

Der Winkel γ hat seinen Maximalwert, wenn das Argument für den Arccos seinen Minimalwert hat, weil die Funktion des Arccos für den Hauptwert eine stetig fallende Funktion ist.

Tab. 4.2 Standardmodell der Grundbausteine der Materie

		Drei Generationen der Materie (Fermionen)			Vektorbosonen	
		I	II	III		
Masse	Quarks	2,3 MeV	1,275 GeV	173,07 GeV	0	125,09 GeV
Ladung		2/3	2/3	2/3	0	0
Spin		1/2	1/2	1/2	1	0
Symbol		u	c	t	Y	H
Name		up	charm	top	Photon	Higgs-Boson
Masse		4,8 MeV	95 MeV	4,18 GeV	0	
Ladung		-1/3	-1/3	-1/3	0	
Spin		1/2	1/2	1/2	1	
Symbol		d	s	b	g	
Name		down	strange	bottom	Gluon	
Masse	Leptonen	< 2 eV	< 0,19 eV	< 18,2 MeV	91,2 GeV	
Ladung		0	0	0	0	
Spin		1/2	1/2	1/2	1	
Symbol		v_e	v_μ	v_τ	z^0	
Name		Elektron-Neutrino	Myon-Neutrino	Tau-Neutrino	Z-Boson	
Masse		0,511 MeV	105,7 MeV	1,777 GeV	80,4 GeV	
Ladung		-1	-1	-1	±1	
Spin		1/2	1/2	1/2	1	
Symbol		e	μ	τ	w±	
Name		Elektron	Myon	Tau	W-Boson	

Der Minimalwert für das Argument liegt vor, wenn im Nenner des Bruches der Maximalwert steht. Dies ist der Fall, wenn der cos (a · α) den Wert 1 annimmt, was geschieht, wenn α = 0 ist.

Damit wird

$$\gamma_{\max}(a) = \arccos \frac{2 \cdot a^2}{\sqrt{1 + 4 \cdot a^4}} \qquad (4.174)$$

$\gamma_{\max}(a)$ verhält sich annähernd proportional zum Reziprokwert des Quadrats von a.

Damit verhält sich die Amplitude der lateralen Schwingung, die das gravitative Verhalten verursacht, ebenfalls proportional zum Reziprokwert des Quadrats von a.

Gleichzeitig verhält sich die Schwingungsamplitude der longitudinalen Schwingung, die das elektrische Verhalten verursacht, proportional zum Reziprokwert von a.

Daraus folgt, wenn a sich im Bereich von 10^{29} bewegt, dann ist die Amplitude der longitudinalen Schwingung um den Faktor 10^{29} höher als die der lateralen und damit die durch die Schwingung verursachten Kräfte um diesen Faktor 10^{29} höher.

Weiterhin bedeutet dies, wenn der Radius R für den Toroiden bei 10^{-19} m liegt (Größe eines Elektrons), dass der Radius r für den Toroidquerschnitt bei 10^{-48} m liegt.

Geht man davon aus, dass die Wellenlänge der Eigenresonanz im Bereich des $r = 10^{-48}$ m liegt, dann liegt die Frequenz bei etwa 10^{40} Hz gemäß der Gleichung

$$\lambda = \frac{c}{f}. \tag{4.175}$$

Diese Frequenz sollte sich messen lassen, wenn das gravitative Feld untersucht wird. Weiterhin muss diese Frequenz ein ganzzahliges Vielfaches aller Photonenfrequenzen sein.

Insgesamt liegt damit mit der Toroiden Wendel der Grundbaustein vor, mit dem sich alle Elemente aus dem Standardmodell zusammenbauen lassen und mit dessen Hilfe die vier Grundkräfte der Physik erklärt werden können.

4.3   Die Starke Kraft

Die Starke Kraft oder Starke Wechselwirkung ist eine der vier Grundkräfte in der Physik mit geringer Reichweite. Aufgrund der starken Kraft halten schwere Teile, z. B. Protonen und Neutronen, im subatomaren Bereich zusammen [11]. Ausgedrückt wird die starke Kraft durch Gluonen, die zwischen den schweren Teilen interagieren und sich dort bewegen.

4.4   Die Schwache Kraft

Die Schwache Kraft oder Schwache Wechselwirkung ist eine der vier Grundkräfte der Physik [12]. Die schwache Kraft mit ihrer sehr geringen Reichweite tritt zutage, wenn z. B. ein Proton und ein Elektron zu einem Neutron umgewandelt wird unter Abgabe von Energie. Die schwache Wechselwirkung wird durch den Austausch von Photonen ausgedrückt.

4.5   Die Toroide Wendel und die Grundelemente

Die Toroide Wendel besteht aus zwei umeinander geschlungenen und ineinander ver-schlungenen Feldern. Die beiden Felder werden dadurch aufrecht erhalten, dass sie mit der oben abgeschätzten Frequenz schwingen und sich dadurch gegenseitig induzieren.

Diese Schwingung kann nun in Form einer stehenden Welle auf dem Toroiden erscheinen oder als Welle, die sich in Längsrichtung und demgemäß bezüglich des Toroiden in Wendelform um den Toroiden fortbewegt. Darin drückt sich nach außen der Spin des Toroiden aus.

Mehrere Toroiden zusammengefügt, ergibt ein Toroidenbündel und damit eine ent-sprechende Multiplikation der kleinsten gravitativen Feldkraft und erhöht demzufolge die Masse des Ergebniselementes, die auch wieder toroidartige Formen haben.

Wenn eine Grenzmenge an Toroiden sich zu einem Toroidenbündel zusammen-gefunden hat, kann unter Umständen eine Longitudinalschwingung der magnetischen Wendel einsetzen, d. h. eine Schwingung in Richtung des Trägerkreises des Toroidenbündels, die nach außen in einem elektrischen Feld resultiert, das im Mittelwert entweder positiv oder negativ polarisiert ist.

Gluonen sind Toroide Wendeln, die phasenausgleichend zwischen Toroidenbündeln wirken.

Photonen sind Toroide Wendeln, die aus Toroidenbündeln durch einen Stoß heraus-geschlagen und damit angeregt werden, lateral zu schwingen, d. h., radial zum Trägerkreis des Toroiden. Die Schwingfrequenz ist ein ganzzahliges Bruchteil der Eigen-schwingung auf dem Toroiden und trägt die Energie des Photons, die beim Aufprall als Energie wieder abgegeben wird.

4.6   Die toroide Wendel und das Wirkungsquantum

Versucht man, die vorgehenden Erkenntnisse mit dem Planckschen Wirkungsquantum in Einklang zu bringen, so ist dieser Versuch zum Scheitern verurteilt [13]. Insbesondere, wenn man

$$E = h \cdot f \qquad (4.176)$$

mit

E   Energie in J
H   Plancksches Wirkungsquantum $= 6{,}62607015 \cdot 10^{-34}$ J s
F   Frequenz in Hz

ins Kalkül zieht und mit

$$E = m \cdot c^2 \qquad (4.177)$$

mit

E   Energie in J
m   Masse in kg
c   Vakuumlichtgeschwindigkeit $= 299792458$ m/s

gleichsetzt:

$$h \cdot f = m \cdot c^2 \tag{4.178}$$

Durch Umstellen wird dann

$$f = m \cdot \frac{c^2}{h} \tag{4.179}$$

$$f = m \cdot \frac{\left(2,99792458 \cdot 10^8 \frac{m}{s}\right)^2}{6,62607015 \cdot 10^{-34} Js} \tag{4.180}$$

$$f = m \cdot \frac{\left(2,99792458 \cdot 10^8 \frac{m}{s}\right)^2}{6,62607015 \cdot 10^{-34} Js} \tag{4.181}$$

$$f = m \cdot \frac{8,9875517873681764 \cdot 10^{16} \frac{m^2}{s^2}}{6,62607015 \cdot 10^{-34} Js} \tag{4.182}$$

$$f = m \cdot 1,35639249 \cdot 10^{50} \frac{kg \cdot m^2}{\frac{kg \cdot m \cdot m}{s^2} \cdot s^3} \tag{4.183}$$

$$f = m \cdot 1,35639249 \cdot 10^{50} \frac{1}{s} \tag{4.184}$$

Setzt man diesem Verhältnis das oben ermittelte Verhältnis gegenüber (10^{-37} kg vs. 10^{40} Hz), sieht man eine Diskrepanz von etwa 10^{27}.

Eine mögliche Erklärung für diese Diskrepanz sehe ich darin – und das gibt dem Begriff des Welle-Teilchen-Dualismus eine neue Dimension, dass bei dem sich ausbreitenden Licht die erkennbare Wellenlänge des Lichts nicht die Grundfrequenz des einzelnen Photons ist, sondern ähnlich einer laufenden Wasserwelle die Phasengeschwindigkeit einer Menge von Photonen, d. h. die Frequenz der körperlichen Bewegung der Lichtquanten. Dieses Modell findet Bestätigung in den Interferenzmustern, die bei Lichterscheinungen am Spalt denen von Wasserwellen am Spalt entsprechen [14, 15].

Literatur

1. Joseph Polchinski; String Theory – Volume I An Introduction to the Bosonic String; Cambridge University Press; Edition of 2007
2. Joseph Polchinski; String Theory – Volume II Superstring Theory and Beyond; Cambridge University Press; Edition of 2007
3. B. Marx, R. Süsse; Theoretische Elektrotechnik – Band 1: Variationsrechnung und Maxwellsche Gleichungen; BI Wissenschaftsverlag; 1994
4. Wikipedia, Maxwell-Gleichungen, 1. 3. 2021
5. Bronstein, Semendjajew; Taschenbuch der Mathematik; Verlag Nauka Moskau, 25. Auflage 1991
6. Klemens Burg Herbert Haf 2006 Friedrich Wille; Vektoranalysis – Höhere Mathematik für Ingenieure Teubner Verlag Wiesbaden Naturwissenschaftler und Mathematiker
7. Wikipedia, Elektromagnetisches Spektrum, 1. 3. 2021
8. www.teilchenphysik.at/wissen/das-standardmodell/, 1. 3. 2021
9. Wikipedia, Elektron, 1. 3. 2021
10. Wikipedia, Myon, 1. 3. 2021
11. Wikipedia, Starke Wechselwirkung, 1. 3. 2021
12. Wikipedia, Schwache Wechselwirkung, 1. 3. 2021
13. Wikipedia, Plancksches Wirkungsquantum, 1. 3. 2021
14. Wikipedia, Interferenz, 1. 3. 2021
15. Jay O'Rear; Physik; Carl Hanser Verlag München; 1989

Die Relativität

5

Die Theorien der Relativität befassen sich mit dem Verhalten von Photonen, die sich mit endlicher Lichtgeschwindigkeit bewegen und in Abhängigkeit von der Beobachtungsposition zu scheinbar paradoxen Zusammenhängen führen [1, 2]. Bei genauer Betrachtung sind diese relativ zur Beobachterposition stehenden Verhaltensweisen jedoch nachvollziehbar, ebenso die Tatsache, dass sich Photonen immer mit einfacher Lichtgeschwindigkeit bewegen.

Kühn sind jedoch die Ansätze, die aus den Beobachtungen abgeleitet werden, dass Photonen keine Masse haben und dass sich Masse nicht auf Lichtgeschwindigkeit beschleunigen lässt, weil sich beschleunigte Masse um den Faktor

$$\frac{1}{\sqrt{1 - \frac{v^2}{c^2}}} \tag{5.1}$$

gegenüber der Ruhemasse erhöht, was zu einer unendlich hohen Masse im Falle von $v = c$ führen würde.

Wenn man mit einer konstanten Kraft eine Masse beschleunigt, dann erhöht sich die Geschwindigkeit gemäß

$$F = m \cdot a \tag{5.2}$$

$$F = m \cdot \frac{\Delta v}{\Delta t} \tag{5.3}$$

$$\Delta v = \frac{F \cdot \Delta t}{m} \tag{5.4}$$

Wenn F, Δt und m konstant sind, ist auch Δv konstant.

© Der/die Autor(en), exklusiv lizenziert durch Springer Fachmedien Wiesbaden GmbH, ein Teil von Springer Nature 2021
J. von Stackelberg, *Die Masse eines Photons*,
https://doi.org/10.1007/978-3-658-33665-3_5

Wenn sich aber bei gleich bleibender einwirkender Kraft die Masse erhöht gemäß

$$m_{beschleunigt} = \frac{m_{Ruhe}}{\sqrt{1 - \frac{v^2}{c^2}}} \tag{5.5}$$

dann reduziert sich die Beschleunigung gemäß

$$a_{beschleunigt} = a_{Ruhe} \cdot \sqrt{1 - \frac{v^2}{c^2}} \tag{5.6}$$

d. h., je näher die Geschwindigkeit v an die Grenzgeschwindigkeit c herankommt, desto geringer ist die Beschleunigung.

Ein ähnlicher Effekt entsteht, wenn die einwirkende Kraft mit zunehmender Geschwindigkeit immer geringer wird gemäß

$$F_{beschleunigt} = F_{Ruhe} \cdot \sqrt{1 - \frac{v^2}{c^2}} \tag{5.7}$$

Dieser Effekt entsteht dadurch, wenn das die einwirkende Kraft verursachende Element, z. B. ein Kraftfeld, sich nahe an oder mit der Grenzgeschwindigkeit bewegt.

Ein Beispiel: Wenn man ein Auto mit einem anderen Auto anschiebt, dann erreicht man höchstens die Geschwindigkeit, die das anschiebende Auto zu leisten imstande ist.

Falls diese einwirkenden Felder für das Beschleunigen und Erfassen der Masse sich alle mit Lichtgeschwindigkeit bewegen, dann ist ein Beschleunigen einer Masse über diese Grenzgeschwindigkeit hinaus nicht möglich, ebenso wenig wie eine Aussage darüber möglich ist, inwieweit sich die Masse verändert hat.

Wollte man Masse auf eine Geschwindigkeit höher als die Lichtgeschwindigkeit beschleunigen, müsste ein Mechanismus gefunden werden, dessen Geschwindigkeit unabhängig ist von der Ausbreitung von Wellen. Eine analoge Funktion ist in der Flugzeugentwicklung zu sehen: Propellermaschinen schafften es nicht, die Schallmauer zu durchbrechen, weil Propeller das Flugzeug durch die Luft ziehen, indem sie die Strömungs- und Druckverhältnisse in der Luft verwenden, ähnlich dem Schall. Rückstoßgetriebene Flugzeuge (mit Düsenantrieb) hingegen basieren auf einem anderen Prinzip, nämlich dem der Volumenentwicklung im Gas aufgrund der Verbrennung, und sind dadurch offenbar imstande, mehrfache Schallgeschwindigkeiten zu realisieren. Diesbezügliche Untersuchungen, die Beschleunigung von Massen betreffend, sollten sich mit der Entstehung des Einstein-Bose-Kondensats auseinandersetzen [3].

Literatur

1. Jay O'Rear; Physik; Carl Hanser Verlag München; 1989
2. Albert Einstein; Relativity – The Special & the General Theory; Martino Publishing Mansfield Centre; 2010
3. Wikipedia, Bose-Einstein-Kondensat, 1. 3. 2021

Die Masse

6

Gravitationsfelder breiten sich ebenso wie elektromagnetische Felder mit Lichtgeschwindigkeit aus. In den Maxwell'schen Gleichungen tauchen in den Materialgleichungen (Abschn. 4.1.4) die beiden Konstanten μ_0 für die Permeabilität und ε_0 für die Permittivität auf. Diese Konstanten zusammen genommen, ergeben die Vakuumlichtgeschwindigkeit. Die Konstanten für sich betrachtet, beinhalten bei entsprechender Interpretation die Ausbreitung des magnetischen bzw. des elektrischen Feldes. Die ursprüngliche Ableitung der Konstanten berücksichtigte diesen Zusammenhang jedoch nicht. Bei einer entsprechenden Neubewertung der quantitativen Masse gegenüber des heute gültigen Massewertes könnten die beiden Konstanten komplett entfallen.

Angenommen, ein fadenförmiger elektrischer Leiter wird von einem zeitlich veränderlichen elektrischen Strom durchflossen [1]:

$$I(t) = I_0 \cdot \sin \omega \cdot t \tag{6.1}$$

mit

$$S = \frac{d}{dA}I = \frac{d}{dt}D \tag{6.2}$$

Dann entsteht um den Leiter ein zirkulares Feld mit der magnetischen Feldstärke

$$H(t) = \frac{I_0 \cdot \cos \omega \cdot t}{l_m} \tag{6.3}$$

mit

$l_m =$ die Länge der magnetischen Feldlinie in m

Das bedeutet, dass sich die Feldstärke linear reziprok zum Abstand zum Leiter verhält.

© Der/die Autor(en), exklusiv lizenziert durch Springer Fachmedien Wiesbaden GmbH, ein Teil von Springer Nature 2021
J. von Stackelberg, *Die Masse eines Photons,*
https://doi.org/10.1007/978-3-658-33665-3_6

Die magnetische Feldstärke erzeugt eine magnetische Flussdichte

$$B(t) = \mu_0 \cdot H(t) \tag{6.4}$$

$$B(t) = \mu_0 \cdot \frac{I_0 \cdot \cos \omega \cdot t}{l_m} \tag{6.5}$$

In der Permeabilitätskonstanten μ_0 steckt eine zeitliche Abhängigkeit, wie ihre Einheit zeigt:

$$\frac{s}{m} \cdot \frac{V}{A}, \tag{6.6}$$

d. h., der magnetische Fluss entsteht aus der magnetischen Feldstärke mit einer zeitlichen Verzögerung, die eventuell

$$4 \cdot \pi \cdot 10^{-7} \frac{s}{m} \cdot \frac{V}{A} \tag{6.7}$$

ist.

Um die kreisförmigen Linien des zeitlich veränderlichen magnetischen Flusses entstehen geschlossene elektrische Feldlinien:

$$E = -\frac{d}{dt} B \tag{6.8}$$

$$E = -\frac{d}{dt} \left(\mu_0 \cdot \frac{I_0 \cdot \cos \omega \cdot t}{l_m} \right) \tag{6.9}$$

$$E = \mu_0 \cdot \omega \cdot \frac{I_0 \cdot \sin \omega \cdot t}{l_m} \tag{6.10}$$

Die Richtung des elektrischen Feldes ist Abb. 6.1 zu entnehmen.

Aus der elektrischen Feldstärke entsteht die elektrische Verschiebung:

$$D = \varepsilon_0 \cdot E \tag{6.11}$$

$$D = \varepsilon_0 \cdot \mu_0 \cdot \omega \cdot \frac{I_0 \cdot \sin \omega \cdot t}{l_m} \tag{6.12}$$

In der Permittivitätskonstanten ε_0 taucht ebenfalls die zeitliche Abhängigkeit auf:

$$\varepsilon_0 = 8{,}85 \cdot 10^{-12} \frac{s}{m} \cdot \frac{A}{V} \tag{6.13}$$

Grundsätzlich erfolgt eine räumliche Feldausbreitung nach

$$\frac{1}{r^2}, \tag{6.14}$$

Abb. 6.1 Ermittlung der
Wirkungsrichtung des
elektrischen Feldes aus der
Richtung der magnetischen
Flussdichte

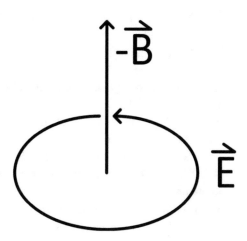

da die Oberfläche einer Kugel folgendermaßen berechnet wird:

$$O = 4 \cdot \pi \cdot r^2. \tag{6.15}$$

Bemerkenswert ist in diesem Zusammenhang auch der Faktor $4 \cdot \pi$, der bei der Darstellung der elektrischen Feldstärke um eine geladene Kugel auftritt:

$$E = \frac{q}{\varepsilon_0} \cdot \frac{1}{4 \cdot \pi \cdot r^2} \tag{6.16}$$

Ich beginne mich zu fragen, ob das $4 \cdot \pi$, das in der Permeabilitätskonstante auftaucht, nicht auch etwas mit der Entwicklung eines Feldes über den Abstand zur Quelle zu tun hat.

Folgende Fragen und Annahmen entstehen bei dieser Betrachtung:

F1: Wenn ein bestimmter Strom I mit der Eigenschaft

$$I(t) = I_0 \cdot \sin \omega \cdot t \tag{6.17}$$

über eine unendliche Zeitdauer durch ein Leiterstück fließt und durch diese unendliche Zeitdauer des Stromflusses eine unendliche Menge an elektromagnetischer Energie in Form elektromagnetischer Wellen in den unendlichen Raum pumpt, verändert sich dann die Amplitude des elektromagnetischen Feldes in einem bestimmten Abstand r von dem Leiter über die Zeit oder bleibt die Amplitude konstant?

A1: Die Amplitude bleibt konstant, weil im selben Maße, in dem Energie an einen bestimmten Punkt fließt, diese Energie weiterfließt, aber der Abstand, an dem noch ein Feld detektierbar ist, vergrößert sich mit der Zeit, weil sich das Feld mit Lichtgeschwindigkeit ausbreitet.

F2: Was ist die Ausbreitungsgeschwindigkeit eines elektrischen und eines magnetischen Feldes?

A2: Die Ausbreitungsgeschwindigkeit ist gleich der (Vakuum-)Lichtgeschwindigkeit.

F3: Was ist, wenn die Geschwindigkeit, mit der sich Lichtquanten fortbewegen, eine andere ist als die Geschwindigkeit, mit der sich flächige oder räumliche elektromagnetische Wellen bewegen und diese wiederum anders ist als die Ausbreitungsgeschwindigkeit eines elektrischen oder eines magnetischen Feldes?

A3: Das ist nicht der Fall.

F4: Warum beinhaltet die Permeabilitätskonstante den Faktor $4 \cdot \pi$?

A4: Weil die Permeabilitätskonstante ohne Bezug zu physikalischen Bedingungen eingeführt wurde.

F5: Was würde mit der Permeabilitätskonstanten und mit der Permittivitätskonstanten geschehen, wenn das Längenmaß „ein Meter" durch ein anderes Längenmaß ersetzt würde?

A5: Sie würden ihre Werte ändern.

F6: Ist der Unterschied des Phasenversatzes zwischen dem elektrischen und dem magnetischen Feld im Nah- und im Fernbereich [2] auf messtechnische Erkenntnisse zurückzuführen oder entsteht der Phasenversatz rein mathematisch, zum Beispiel aufgrund unzureichender Modelle?

A6: Er entsteht rein mathematisch.

Begründungen für die obigen Annahmen:

Der Stromfluss I durch den Leiter (oder die elektrische Verschiebungsdichte D im Medium) IST GLEICH der magnetischen Feldstärke H um den Leiter bzw. im Medium. Daher gibt es auch keine zeitliche oder räumliche Relation zwischen den Beiden. Umgekehrt ist natürlich die elektrische Feldstärke E GLEICH der magnetischen Flussdichte B, bezogen auf die zeitlichen Gradienten, da ein magnetischer Fluss, der zeitlich unabhängig konstant ist, kein elektrisches Feld erzeugt. Die zeitliche Relation entsteht erst aus der elektrischen Feldstärke (oder elektrischen Spannung als Linienintegral der elektrischen Feldstärke) im Hinblick auf den Stromfluss bzw. die elektrische Verschiebungsdichte.

Gleichzeitig gehe ich davon aus, dass die Ausbreitungsgeschwindigkeit eines magnetischen Feldes um einen elektrischen Leiter, die Ausbreitungsgeschwindigkeit elektromagnetischer Wellen und die Lichtgeschwindigkeit identisch sind. Bezogen auf das Vakuum in unserem Größen- und Einheitensystem sind das ungefähr $3 \cdot 10^8$ m/s. Man mache sich bewusst, dass bei Anwendung einer anderen Längeneinheit dieser Wert auch eine andere Größe annimmt.

In der Permittivitätskonstanten und in der Permeabilitätskonstanten sind neben den Spannungs- und Stromabhängigkeiten auch die Zeit- und Längenabhängigkeiten vorhanden, wie aus den Einheiten As/Vm bzw. Vs/Am leicht zu erkennen ist.

Aufgrund der Entwicklung der Physik und der Elektrotechnik sind die beiden Konstanten mit mehr oder weniger willkürlichen Werten belegt worden, die sich aus anderen, ebenfalls mehr oder weniger willkürlich festgelegten Größen ergeben haben. Gleichzeitig gilt

$$c = \frac{1}{\sqrt{\mu_0 \cdot \varepsilon_0}} \tag{6.18}$$

mit derzeit

$$\mu_0 = 4 \cdot \pi \cdot 10^{-7} \frac{V}{A} \cdot \frac{s}{m} \tag{6.19}$$

$$\varepsilon_0 = 8{,}85 \cdot 10^{-12} \frac{A}{V} \cdot \frac{s}{m} \tag{6.20}$$

Wenn ich nun die beiden Konstanten dergestalt vereinheitliche, dass

$$\mu_{0vSt} = \varepsilon_{0vSt} = \frac{1}{c} = \frac{1}{3 \cdot 10^8} \left(\frac{V \cdot s}{A \cdot m} \quad \text{bzw.} \quad \frac{A \cdot s}{V \cdot m} \right), \tag{6.21}$$

wie müsste dann der Rest der Elektrotechnik und Physik umgeschrieben werden, um wieder ein geschlossenes System zu ergeben? Der große Vorzug in dieser Maßnahme bestünde jedenfalls darin, dass zwei „Naturkonstanten" ersatzlos gestrichen werden können und das Gesamtsystem dadurch vereinfacht wird.

Die Spannung in V(olt) ist eine abgeleitete Einheit, die sich errechnet aus

$$P_{el} = P_{mech} \tag{6.22}$$

$$U \cdot I = \frac{m \cdot s^2}{t^3} \tag{6.23}$$

$$U = \frac{m \cdot s^2}{t^3 \cdot I} \tag{6.24}$$

Die Masse steht eindimensional in der Gleichung. Würde man die Masse mit dem Korrekturfaktor belegen, bedeutete das, dass der bisher gültige Bezug der Masse von einem Kilogramm als ein Kubikdezimeter Wasser bei 4° C sein soll, seinen Bezug verliert.

$$\mu_{0vSt} = \frac{1}{c} = \frac{1}{3 \cdot 10^8} \frac{V \cdot s}{A \cdot m} \tag{6.25}$$

$$\mu_0 = 4 \cdot \pi \cdot 10^{-7} = a_\mu \cdot \mu_{0vSt} = a_\mu \cdot \frac{1}{3 \cdot 10^8} \frac{V \cdot s}{A \cdot m} \tag{6.26}$$

$$a_\mu = \frac{4 \cdot \pi \cdot 10^{-7}}{\frac{1}{3 \cdot 10^8}} \tag{6.27}$$

$$a_\mu = 120 \cdot \pi \tag{6.28}$$

$$\mu_{0vSt} = \frac{1}{c} = \frac{\mu_0}{a_\mu} = \frac{\mu_0}{120 \cdot \pi} \tag{6.29}$$

$$\varepsilon_{0vSt} = \frac{1}{c} = \frac{1}{3 \cdot 10^8} \frac{A \cdot s}{V \cdot m} \tag{6.30}$$

$$\varepsilon_0 = 8{,}85 \cdot 10^{-12} = a_\varepsilon \cdot \varepsilon_{0vSt} = a_\varepsilon \cdot \frac{1}{3 \cdot 10^8} \frac{A \cdot s}{V \cdot m} \tag{6.31}$$

$$a_\varepsilon = \frac{8{,}85 \cdot 10^{-12}}{\frac{1}{3 \cdot 10^8}} = \frac{\frac{1}{9 \cdot 10^{16} \cdot 4 \cdot \pi \cdot 10^{-7}}}{\frac{1}{3 \cdot 10^8}} \tag{6.32}$$

$$a_\varepsilon = \frac{1}{3 \cdot 10^8 \cdot 4 \cdot \pi \cdot 10^{-7}} \tag{6.33}$$

$$a_\varepsilon = \frac{1}{120 \cdot \pi} \tag{6.34}$$

$$\varepsilon_{0vSt} = \frac{1}{c} = \varepsilon_0 \cdot 120 \cdot \pi \tag{6.35}$$

Diese Änderung der beiden Konstanten hat an vielen Stellen der Elektrotechnik Auswirkungen:

Lässt man die elektrische Stromstärke I in A(mpere) unverändert, da sie eine Grundeinheit darstellt und durch die Kraft (ist auch Masse mal Beschleunigung auf der mechanischen Seite) auf die beiden Leiter definiert ist, durch die der Strom fließt, so bleibt auch die magnetische Feldstärke H unverändert. Die erste Änderung erfolgt in der Darstellung des magnetischen Flusses, der wertemäßig um den Faktor $120 \cdot \pi$ geringer wird:

$$B_{vSt}(t) = \mu_{0vSt} \cdot \frac{I_0 \cdot \cos \omega \cdot t}{l_m} \tag{6.36}$$

$$B_{vSt}(t) = \frac{\mu_0}{120 \cdot \pi} \cdot \frac{I_0 \cdot \cos \omega \cdot t}{l_m} \tag{6.37}$$

Daher wird auch die elektrische Feldstärke um den Faktor $120 \cdot \pi$ geringer:

$$E_{vSt} = \mu_{0vSt} \cdot \omega \cdot \frac{I_0 \cdot \sin \omega \cdot t}{l_m} \tag{6.38}$$

$$E_{vSt} = \frac{\mu_0}{120 \cdot \pi} \cdot \omega \cdot \frac{I_0 \cdot \sin \omega \cdot t}{l_m} \qquad (6.39)$$

Das wirkt sich unmittelbar auf die elektrische Spannung aus, die ebenfalls um den Faktor $120 \cdot \pi$ geringer wird:

$$U_{vSt} = E_{vSt} \cdot s \qquad (6.40)$$

Hier ist eine Problemstelle, weil damit der Übergang von der mechanischen zur elektrischen Leistung nicht mehr gegeben ist. Eine mögliche Lösung bestünde darin, die elektrische Leistung folgendermaßen zu definieren:

$$P_{el} = U_{vSt} \cdot I \cdot 120 \cdot \pi \qquad (6.41)$$

Die bessere Alternative besteht darin, einen neuen Referenzwert für die Masse einzuführen.
    Mit

$$m_{vSt} = \frac{m}{120 \cdot \pi} \qquad (6.42)$$

lassen sich gleichzeitig die Übergänge zwischen der Mechanik und der Elektrotechnik, die durch die Coulomb-Kraft und die Lorentz-Kraft entstehen, begradigen.
    Aus der verringerten elektrischen Feldstärke entsteht die elektrische Verschiebungsdichte, die über den korrigierten Wert für die Permittivitätskonstante unverändert bleibt:

$$D_{vSt} = \varepsilon_{0vSt} \cdot \mu_{0vSt} \cdot \omega \cdot \frac{I_0 \cdot \sin \omega \cdot t}{l_m} \qquad (6.43)$$

$$D_{vSt} = \varepsilon_0 \cdot 120 \cdot \pi \cdot \frac{\mu_0}{120 \cdot \pi} \cdot \omega \cdot \frac{I_0 \cdot \sin \omega \cdot t}{l_m} \qquad (6.44)$$

$$D_{vSt} = D = \varepsilon_0 \cdot \mu_0 \cdot \omega \cdot \frac{I_0 \cdot \sin \omega \cdot t}{l_m} \qquad (6.45)$$

Weiterhin werden durch diesen Ansatz die Werte folgender physikalischer Größen beeinflusst:

- Coulomb-Kraft, die um den Faktor $120 \cdot \pi$ verringert wird:

$$F_C = \frac{q_1 \cdot q_2}{\varepsilon_0} \cdot \frac{1}{4 \cdot \pi \cdot r^2} \qquad (6.46)$$

$$F_{CvSt} = \frac{q_1 \cdot q_2}{\varepsilon_{0vSt}} \cdot \frac{1}{4 \cdot \pi \cdot r^2} \qquad (6.47)$$

$$F_{\mathrm{CvSt}} = \frac{q_1 \cdot q_2}{\varepsilon_0 \cdot 120 \cdot \pi} \cdot \frac{1}{4 \cdot \pi \cdot r^2} \tag{6.48}$$

- Kapazität eines Kondensators, die um den Faktor $120 \cdot \pi$ erhöht wird:

$$C_{\mathrm{vSt}} = \frac{\varepsilon_{0\mathrm{vSt}} \cdot \varepsilon_r \cdot A}{d} \tag{6.49}$$

$$C_{\mathrm{vSt}} = \frac{\varepsilon_0 \cdot 120 \cdot \pi \cdot \varepsilon_r \cdot A}{d} \tag{6.50}$$

Damit verändert sich auch der kapazitive Blindwiderstand:

$$X_{\mathrm{CvSt}} = \frac{1}{2 \cdot \pi \cdot f \cdot C_{\mathrm{vSt}}} \tag{6.51}$$

$$X_{\mathrm{CvSt}} = \frac{1}{2 \cdot \pi \cdot f \cdot C \cdot 120 \cdot \pi} \tag{6.52}$$

Über die verringerte Spannung wird er aber wieder ausgeglichen:

$$X_{\mathrm{CvSt}} = \frac{U_{\mathrm{CvSt}}}{I_C} \tag{6.53}$$

$$\frac{X_C}{120 \cdot \pi} = \frac{\frac{U_C}{120 \cdot \pi}}{I_C} \tag{6.54}$$

$$\frac{X_C}{120 \cdot \pi} = \frac{U_C}{I_C \cdot 120 \cdot \pi} \tag{6.55}$$

- Magnetische Kraft zwischen zwei Leitern auf der Basis der Lorentz-Kraft:

$$\vec{F_L} = q \cdot \vec{v} \times \vec{B} \tag{6.56}$$

Bei entsprechend rechtwinkligen Verhältnissen gehen die Vektoren in Skalare und das Kreuzprodukt in eine Multiplikation über:

$$F_L = q \cdot v \cdot B \tag{6.57}$$

$$F_{\mathrm{LvSt}} = q \cdot v \cdot B_{\mathrm{vSt}} \tag{6.58}$$

$$F_{\mathrm{LvSt}} = q \cdot v \cdot \frac{\mu_0}{120 \cdot \pi} \cdot H \tag{6.59}$$

Die Lorentz-Kraft auf eine Ladung wird ebenfalls um den Faktor $120 \cdot \pi$ verringert und gleicht sich damit mit der Coulomb-Kraft aus.

- Induktivität einer Spule, die um den Faktor $120 \cdot \pi$ verringert wird, und damit der induktive Blindwiderstand, der aber über die verringerte Spannung wieder ausgeglichen ist,
- Verringerter ohmscher Widerstand wegen der verringerten Spannung,
- die Resonanzfrequenzen von LC-Kombinationen bleiben wertemäßig erhalten, da sich die Wertänderungen von L und C aufheben,
- die Grenzfrequenzen von RC-und RL-Kombinationen bleiben erhalten, weil sich die Veränderungen über R und C bzw. L ausgleichen,

Neuer Ansatz hinsichtlich möglicher Änderungen der Basisgrößen der Physik
  Die sieben unabhängigen Basisgrößen der Physik

- Länge s in Meter m
- Masse m in Kilogramm kg
- Zeit t in Sekunde s
- Temperatur T in Kelvin K
- Strom I in Ampere A
- Stoffmenge in Mol mol
- Lichtstärke in Candela cd

entstanden aus teilweise viel älteren Größen, die vereinheitlicht worden waren, und haben in ihrer Ursprungsdefinition einen naheliegenden Bezug zu alltäglichen Dimensionen.

Die Einheit Meter (m) wurde festgelegt als der 10.000.000ste Teil der Distanz vom Nordpol zum Äquator auf dem Längengrad durch Paris [3, 4]. Diese Länge wurde im 18. Jahrhundert von zwei französischen Wissenschaftlern vermessen. Die moderne Definition, dass ein Meter der Länge entspricht, die das Licht im Vakuum in 1/299792458 s zurücklegt, ist demgemäß eine abgeleitete Definition, nicht zuletzt, weil eine weitere Basisgröße, nämlich die Zeit, mit hinzugezogen werden muss.

Die Masse Kilogramm wurde nach der Festlegung der Längeneinheit Meter von dieser abgeleitet als diejenige Masse, die ein Kubikdezimeter Wasser bei seiner größten Dichte (4 °C) hat [5]. Derzeit wird an einer Neudefinition der Masse als Ableitung einer bestimmten Menge an Atomen in einem Monokristall gearbeitet, wobei auch hier makroskopisch die Genauigkeit der Massenbestimmung von der Genauigkeit der Längenbestimmung abhängt (Messung des Durchmessers des Kristalls).

Die Zeit Sekunde wurde festgelegt als der sechzigste Teil des sechzigsten Teils des vierundzwanzigsten Teils einer mittleren Erdumdrehung, d. h., das Zwölfersystem spielt hier eine zentrale Rolle [6]. Die moderne Festlegung der Zeitmessung bezieht sich auf die Schwingung eines Cäsiumatoms in einem bestimmten Niveauübergang.

Die Temperatur Kelvin wurde ursprünglich abgeleitet aus der linearen Skalierung von 0 bis 100 der beiden Phasenübergänge des Wassers von fest auf flüssig (0 °Celsius) und von flüssig auf gasförmig (100 °Celsius) bei Normaldruckverhältnis (Luftdruck = 1013 mbar). Dabei liegt der Nullpunkt der Kelvinskala bei −273,15 °C.

Der Stromfluss von einem Ampere wurde ursprünglich darüber definiert, dass er aus einer Silbernitratlösung mittels Elektrolyse binnen einer Sekunde 1,118 mg Silber abscheidet. Die moderne Definition bezieht sich darauf, dass der Strom von einem Ampere, wenn dieser durch zwei unendlich lange Leiter fließt, die einen Abstand von einem Meter haben, eine Kraft von 2×10^{-7} N pro Meter Leiterlänge zwischen diesen Leitern hervorruft.

Die Stoffmenge in mol umfasst die Menge an Einzelteilchen, wie in 12 gr des Kohlenstoff-Nuklids ^{12}C in ungebundenem Zustand enthalten ist.

Die Lichtstärke in Candela bezieht sich auf den Lichtstrom, der pro Steradiant durch diese Fläche geht.

Abgeleitete Einheiten: Ursprünglich wurde die elektrische Spannung abgeleitet von der Spannung, die in einem sogenannten Weston Normalelement entsteht. Das Weston-Normalelement ist eine galvanische (Primär-)Zelle, die durch einen chemischen Prozess zwischen zwei Leitermaterialien, die durch einen Elektrolyten verbunden sind, eine bestimmte Spannung entstehen lässt.

Bezogen auf das Problem, die Permeabilität, die Permittivität und die Lichtgeschwindigkeit zu vereinheitlichen, werden die Größen.

- elektrische Spannung,
- elektrischer Strom,
- Masse,
- Länge,
- Zeit,
- Leistung

betrachtet. Die Leistung kommt aus dem Grund hinzu, weil sie die Einheiten der Elektrotechnik mit denen der Mechanik verknüpft. Über diese Verknüpfung wird in der modernen Welt die Größe der elektrischen Spannung definiert.

Im Endeffekt sind die vorgelisteten Größen entweder von der Länge in unterschiedlichen Dimensionen abhängig oder unabhängig:

- Elektrische Spannung: Unabhängig
- Elektrischer Strom: Abhängig in der dritten Dimension (Masseabhängigkeit)
- Masse: Abhängig in der dritten Dimension
- Länge: Grundeinheit
- Zeit: Unabhängig
- Leistung: Abhängig in der fünften Dimension (Masse- und Längenabhängigkeit)

Qualitativ betrachtet, sind folgende Abhängigkeiten festzustellen:

- Der Wert der Lichtgeschwindigkeit hängt reziprok linear von der Größe der Länge ab, d. h., eine Vergrößerung der Referenzlänge um einen Faktor verringert den Wert der Lichtgeschwindigkeit um den selben Faktor.
- Der Wert der Masse hängt reziprok in der dritten Dimension von der Größe der Länge ab, d. h., eine Vergrößerung der Referenzlänge um einen Faktor verringert den Wert der Masse um den Faktor hoch drei.
- Der Wert des Stromes hängt reziprok linear von der Größe der Masse ab, d. h., eine Vergrößerung der Referenzmasse um einen Faktor verringert den Stromwert um den Faktor. Damit hängt der Wert des Stromes in der dritten Dimension von der Größe der Länge ab, d. h., eine Vergrößerung der Referenzlänge um einen Faktor vergrößert den Wert des Stromes um den Faktor hoch drei.
- Der Wert der mechanischen Leistung hängt reziprok in der fünften Dimension von der Größe der Länge ab, d. h., eine Vergrößerung der Referenzlänge um einen Faktor verringert den Wert der Leistung um den Faktor hoch fünf.

Nimmt man die Schnittstellen zwischen den mechanischen und den elektrischen Größen unter die Lupe, insbesondere im Hinblick auf die Frage, inwiefern die Werteveränderung um den Faktor $120 \cdot \pi$ eine Rolle spielt bzw. konsistent ist, stellt man fest, dass es um die Kräfte geht und um die Leistung bzw. Arbeit. Bezogen auf diese Änderungen wäre es möglicherweise sinnhaft, die Definition der Masse neu zu überdenken:

$$m_{vSt} = \frac{m}{120 \cdot \pi} \tag{6.60}$$

Literatur

1. Ingo Wolff; Grundlagen und Anwendungen der Maxwellschen Theorie I – Ein Repetitorium; VDI Verlag; 1996
2. Alfred Fettweis; Electrical communications, fluid dynamics, and some fundamental issues in physics; Ferdinand Schöningh; 2010
3. Wikipedia, Meter, 1. 3. 2021
4. Daniel Kehl; Die Vermessung der Welt; Rororo Verlag, 2008
5. Wikipedia, Kilogramm, 1. 3. 2021
6. Wikipedia, Sekunde, 1. 3. 2021

Fourierreihen

7

Beruflich bedingt hatte ich mich mit der Entstehung von harmonischen Oberwellen angeschnittener Sinusspannungen und -ströme zu befassen. Ich versuchte, die Frage der Menge der Oberwellen theoretisch zu klären – und scheiterte, wie im Einzelnen beschrieben wird.

Mit Hilfe von Fourierreihen lassen sich beliebige periodische Funktionen als Summe von harmonischen sinusförmigen Schwingungen darstellen; so ist jedenfalls die gängige Lehrmeinung. Der Formalismus sieht simpel aus [1]:

$$f(t) = \frac{a_0}{2} + \sum_{k=1}^{\infty} (a_k \cdot \cos(k \cdot t) + b_k \cdot \sin(k \cdot t)) \tag{7.1}$$

mit

$$a_k = \frac{1}{\pi} \int_{-\pi}^{\pi} f(t) \cdot \cos(k \cdot t) dt \ \text{ für } k \geq 0 \tag{7.2}$$

$$b_k = \frac{1}{\pi} \int_{-\pi}^{\pi} f(t) \cdot \sin(k \cdot t) dt \ \text{ für } k \geq 1 \tag{7.3}$$

Das am häufigsten verwendete Beispiel in der Literatur, um die Anwendung der Fourierreihen zu demonstrieren, ist die Rechteckfunktion, deren Periodenauszug um den Nullpunkt folgendermaßen beschrieben werden kann:

$$f(t) = \begin{cases} -1 & \text{für } t \in [-\pi; 0[\\ +1 & \text{für } t \in [0; \pi[\end{cases} \tag{7.4}$$

© Der/die Autor(en), exklusiv lizenziert durch Springer Fachmedien Wiesbaden GmbH, ein Teil von Springer Nature 2021
J. von Stackelberg, *Die Masse eines Photons*,
https://doi.org/10.1007/978-3-658-33665-3_7

Setzt man diese Funktion in die Ausdrücke für a_k und b_k ein, erhält man folgende Ergebnisse:

$$a_k = \frac{1}{\pi} \cdot \int_{-\pi}^{\pi} f(t) \cdot \cos(k \cdot t) dt \quad \text{für } k \geq 0 \tag{7.5}$$

$$a_k = \frac{1}{\pi} \cdot \left(\int_{-\pi}^{0} -1 \cdot \cos(k \cdot t) dt + \int_{0}^{\pi} 1 \cdot \cos(k \cdot t) dt \right) \tag{7.6}$$

|

$$a_k = \frac{1}{\pi} \cdot \left(-\int_{-\pi}^{0} \cos(k \cdot t) dt + \int_{0}^{\pi} \cos(k \cdot t) dt \right) \tag{7.7}$$

$$a_k = \frac{1}{\pi} \cdot \left(-\left[\frac{1}{k} \cdot \sin(k \cdot t) \right]_{-\pi}^{0} + \left[\frac{1}{k} \cdot \sin(k \cdot t) \right]_{0}^{\pi} \right) \tag{7.8}$$

$$a_k = \frac{1}{\pi} \cdot \frac{1}{k} \cdot (-[\sin(k \cdot 0) - \sin(k \cdot (-\pi))] + [\sin(k \cdot \pi) - \sin(k \cdot 0)]) \tag{7.9}$$

$$a_k = 0 \tag{7.10}$$

$$b_k = \frac{1}{\pi} \cdot \int_{-\pi}^{\pi} f(t) \cdot \sin(k \cdot t) dt \quad \text{für } k \geq 1 \tag{7.11}$$

$$b_k = \frac{1}{\pi} \cdot \left(\int_{-\pi}^{0} -1 \cdot \sin(k \cdot t) dt + \int_{0}^{\pi} 1 \cdot \sin(k \cdot t) dt \right) \tag{7.12}$$

$$b_k = \frac{1}{\pi} \cdot \left(-\left[-\frac{1}{k} \cdot \cos(k \cdot t) \right]_{-\pi}^{0} + \left[-\frac{1}{k} \cdot \cos(k \cdot t) \right]_{0}^{\pi} \right) \tag{7.13}$$

$$b_k = -\frac{1}{\pi} \cdot \frac{1}{k} \cdot (-[\cos(k \cdot 0) - \cos(k \cdot (-\pi))] + [\cos(k \cdot \pi) - \cos(k \cdot 0)]) \tag{7.14}$$

$$b_k = -\frac{1}{\pi} \cdot \frac{1}{k} \cdot (-\cos(k \cdot 0) - \cos(k \cdot 0) + \cos(k \cdot (-\pi)) + \cos(k \cdot \pi)) \tag{7.15}$$

mit

$$\cos(k \cdot (-\pi)) = \cos(k \cdot \pi) \tag{7.16}$$

gilt

$$b_k = \frac{2}{k \cdot \pi} \cdot (\cos(k \cdot 0) - \cos(k \cdot \pi)) \tag{7.17}$$

für k gerade gilt

$$b_k = 0 \tag{7.18}$$

für k ungerade gilt

$$b_k = \frac{4}{k \cdot \pi} \tag{7.19}$$

Eingesetzt in

$$f(t) = \frac{a_0}{2} + \sum_{k=1}^{\infty} (a_k \cdot \cos(k \cdot t) + b_k \cdot \sin(k \cdot t)) \tag{7.20}$$

erhält man

$$f(t) = \frac{4}{\pi} \cdot \sum_{k=1}^{\infty} \frac{1}{(2 \cdot k - 1)} \cdot \sin((2 \cdot k - 1) \cdot t) \tag{7.21}$$

Programmiert man in Excel eine entsprechende Tabelle, erhält man einen Graphen gemäß Abb. 7.1.

Als nächstes soll eine Funktion untersucht werden, die ein pulsweitenmoduliertes Signal beschreibt.

Die Funktion für ein Rechteck mit veränderlichem Puls-Pausen-Verhältnis kann folgendermaßen beschrieben werden:

$$f(t) = \frac{a_0}{2} + \sum_{k=1}^{\infty} (a_k \cdot \cos(k \cdot t) + b_k \cdot \sin(k \cdot t)) \tag{7.22}$$

$$a_k = \frac{2}{T} \int_{c}^{c+T} f(t) \cdot \cos(k \cdot t)dt \tag{7.23}$$

$$b_k = \frac{2}{T} \int_{c}^{c+T} f(t) \cdot \sin(k \cdot t)dt \tag{7.24}$$

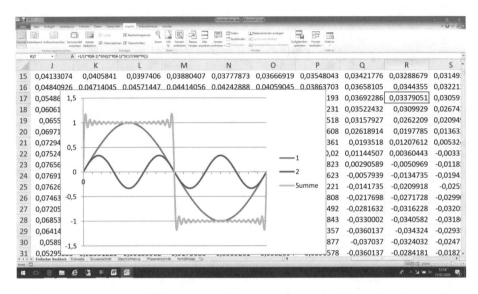

Abb. 7.1 Graph der Grundschwingung und der Oberwelle 3. Ordnung gemeinsam mit der Summenkurve bis zur Oberwelle 20. Ordnung gemäß der Fourierreihe für eine Rechteckschwingung; dieser Graph bestätigt die Lehrbuchinformation

$$f(t) = \begin{cases} a & \text{für } t \in [0\,;\,z] \text{ mit } z \in [0 \cdot T;\, 1 \cdot T] \\ 0 & \text{für } t \in]z\,;\,T] \text{ mit } z \in [0 \cdot T;\, 1 \cdot T] \end{cases} \tag{7.25}$$

$$a_k = \frac{2}{T} \int_0^z a \cdot \cos(k \cdot t)\, dt \tag{7.26}$$

$$a_k = \frac{2 \cdot a}{T} \cdot \int_0^z \cos(k \cdot t)\, dt \tag{7.27}$$

$$a_k = \frac{2 \cdot a}{k \cdot T} \cdot [\sin(k \cdot t)]_0^z \tag{7.28}$$

$$a_k = \frac{2 \cdot a}{k \cdot T} \cdot \sin(k \cdot z) \tag{7.29}$$

für k = 0:

$$a_0 = \lim_{k \to 0} \frac{2 \cdot a \cdot \sin(k \cdot z)}{k \cdot T} \tag{7.30}$$

Anwenden der Regel von l'Hospital:

$$a_0 = \lim_{k \to 0} \frac{2 \cdot a \cdot z \cdot \cos(k \cdot z)}{T} \tag{7.31}$$

$$a_0 = \frac{2 \cdot a \cdot z}{T} \tag{7.32}$$

$$b_k = \frac{2}{T} \cdot \int_0^z a \cdot \sin(k \cdot t) dt \tag{7.33}$$

$$b_k = -\frac{2 \cdot a}{k \cdot T} \cdot [\cos(k \cdot t)]_0^z \tag{7.34}$$

$$b_k = -\frac{2 \cdot a}{k \cdot T} \cdot (\cos(k \cdot z) - 1) \tag{7.35}$$

$$b_k = \frac{2 \cdot a}{k \cdot T} \cdot (1 - \cos(k \cdot z)) \tag{7.36}$$

$$f(t) = \frac{a \cdot z}{T} + \frac{2 \cdot a}{T} \cdot \sum_{k=1}^{\infty} \frac{1}{k} \cdot (\sin(k \cdot z) \cdot \cos(k \cdot t) - \cos(k \cdot z) \cdot \sin(k \cdot t) + \sin(k \cdot t)) \tag{7.37}$$

$$f(t) = \frac{a \cdot z}{T} + \frac{2 \cdot a}{T} \cdot \sum_{k=1}^{\infty} \frac{1}{k} \cdot (\sin(k \cdot z - k \cdot t) + \sin(k \cdot t)) \tag{7.38}$$

$$f(t) = \frac{a \cdot z}{T} + \frac{2 \cdot a}{T} \cdot \sum_{k=1}^{\infty} \frac{1}{k} \cdot (\sin(k \cdot (z - t)) + \sin(k \cdot t)) \tag{7.39}$$

Für $z = 0{,}1\,T$ ergibt sich in Excel ein Graph gemäß Abb. 7.2.

Für $z = 0{,}5\,T$ ergibt sich in Excel ein Graph gemäß Abb. 7.3.

Für $z = 0{,}9\,T$ ergibt sich in Excel ein Graph gemäß Abb. 7.4.

Ein eher ungewöhnliches, aber nichtsdestoweniger in der Praxis gängiges Signal ist das durch einen Thyristorsatz angeschnittene Sinussignal (Abb. 7.5).

Die Funktion wird wie folgt beschrieben:

$$f(t) = \begin{cases} 0 & \text{für } t \in [0 \, ; \, i[\\ v_p \cdot \sin(2 \cdot \pi \cdot f \cdot t) & \text{für } t \in [i \, ; \, \frac{T}{2}[\\ 0 & \text{für } t \in [\frac{T}{2} \, ; \, i + \frac{T}{2}[\\ v_p \cdot \sin(2 \cdot \pi \cdot f \cdot t) & \text{für } t \in [i + \frac{T}{2} \, ; \, T[\end{cases} \tag{7.40}$$

$$\text{mit } i \in [0\,\% \cdot \tfrac{T}{2}; \, 100\,\% \cdot \tfrac{T}{2}[$$

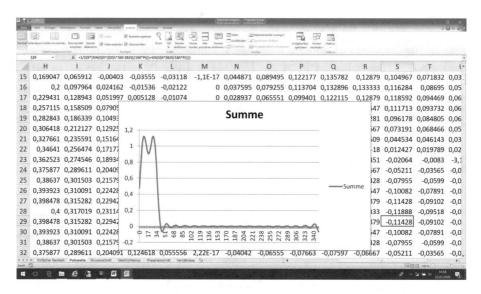

Abb. 7.2 Graph der Summe der Fourierreihe bis zur Oberwelle 20. Ordnung eines Pulsweiten modulierten Signals mit einer Pulslänge von 10 %

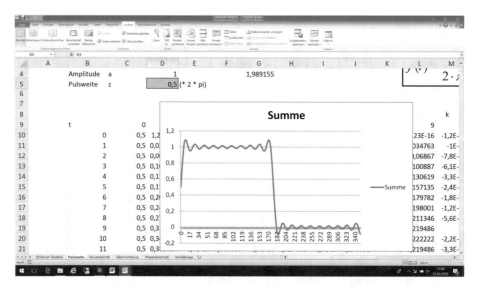

Abb. 7.3 Graph der Summe der Fourierreihe bis zur Oberwelle 20. Ordnung eines Pulsweiten modulierten Signals mit einer Pulslänge von 50 %

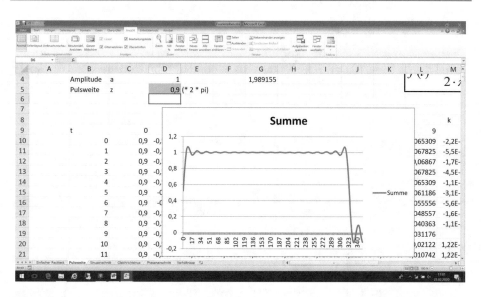

Abb. 7.4 Graph der Summe der Fourierreihe bis zur Oberwelle 20. Ordnung eines Pulsweiten modulierten Signals mit einer Pulslänge von 90 %

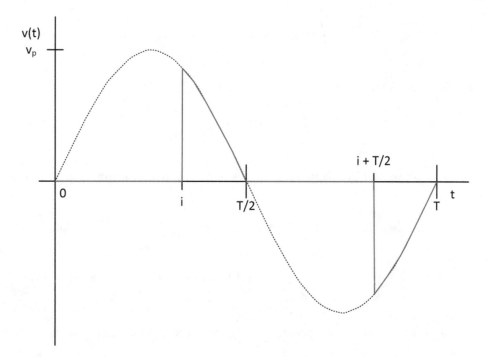

Abb. 7.5 Graph eines durch einen Thyristorsatz an beiden Halbwellen mit gleichem Winkel angeschnittenen Sinussignals

Die Fourierreihe wird folgendermaßen erzeugt:

$$f(t) = \frac{a_0}{2} + \sum_{k=1}^{\infty} (a_k \cdot \cos(k \cdot t) + b_k \cdot \sin(k \cdot t)) \tag{7.41}$$

$$a_k = \frac{2}{T} \int_{c}^{c+T} f(t) \cdot \cos(k \cdot t) dt \tag{7.42}$$

$$b_k = \frac{2}{T} \int_{c}^{c+T} f(t) \cdot \sin(k \cdot t) dt \tag{7.43}$$

Ermittle a_k als Funktion von i:

$$a_k = \frac{2}{T} \cdot \left(\int_{i}^{\frac{T}{2}} v_p \cdot \sin(t) \cdot \cos(k \cdot t) dt + \int_{i+\frac{T}{2}}^{T} v_p \cdot \sin(t) \cdot \cos(k \cdot t) dt \right) \tag{7.44}$$

$$a_k = \frac{2 \cdot v_p}{T} \cdot \left(\int_{i}^{\frac{T}{2}} \sin(t) \cdot \cos(k \cdot t) dt + \int_{i+\frac{T}{2}}^{T} \sin(t) \cdot \cos(k \cdot t) dt \right) \tag{7.45}$$

Wir erinnern uns [1]:

$$\int u' \cdot v = u \cdot v - \int u \cdot v' \tag{7.46}$$

$$\int \sin(t) \cdot \cos(k \cdot t) dt = -\cos(t) \cdot \cos(k \cdot t) - \int \cos(t) \cdot k \cdot \sin(k \cdot t) dt \tag{7.47}$$

$$\int \sin(t) \cdot \cos(k \cdot t) dt = -\cos(t) \cdot \cos(k \cdot t) - k \cdot \int \cos(t) \cdot \sin(k \cdot t) dt \tag{7.48}$$

$$\int \sin(t) \cdot \cos(k \cdot t) dt = -\cos(t) \cdot \cos(k \cdot t) - k \cdot \left[\sin(t) \cdot \sin(k \cdot t) - \int \sin(t) \cdot k \cdot \cos(k \cdot t) dt \right] \tag{7.49}$$

$$\int \sin(t) \cdot \cos(k \cdot t) dt = -\cos(t) \cdot \cos(k \cdot t) - k \cdot \left[\sin(t) \cdot \sin(k \cdot t) - k \cdot \int \sin(t) \cdot \cos(k \cdot t) dt \right] \tag{7.50}$$

$$\int \sin(t) \cdot \cos(k \cdot t) dt = -\cos(t) \cdot \cos(k \cdot t) - k \cdot \sin(t) \cdot \sin(k \cdot t) + k^2 \cdot \int \sin(t) \cdot \cos(k \cdot t) dt$$

$$(7.51)$$

$$\int \sin(t) \cdot \cos(k \cdot t) dt - k^2 \cdot \int \sin(t) \cdot \cos(k \cdot t) dt = -\cos(t) \cdot \cos(k \cdot t) - k \cdot \sin(t) \cdot \sin(k \cdot t)$$

$$(7.52)$$

$$\left(1 - k^2\right) \cdot \int \sin(t) \cdot \cos(k \cdot t) dt = -\cos(t) \cdot \cos(k \cdot t) - k \cdot \sin(t) \cdot \sin(k \cdot t) \qquad (7.53)$$

$$\int \sin(t) \cdot \cos(k \cdot t) dt = \frac{1}{k^2 - 1} \cdot (\cos(t) \cdot \cos(k \cdot t) + k \cdot \sin(t) \cdot \sin(k \cdot t)) \qquad (7.54)$$

$$a_k = \frac{1}{k^2 - 1} \cdot \frac{2 \cdot v_p}{T} \cdot \left(\begin{array}{l} [\cos(t) \cdot \cos(k \cdot t) + k \cdot \sin(t) \cdot \sin(k \cdot t)]_i^{\frac{T}{2}} \\ +[\cos(t) \cdot \cos(k \cdot t) + k \cdot \sin(t) \cdot \sin(k \cdot t)]_{i+\frac{T}{2}}^{T} \end{array} \right) \qquad (7.55)$$

$$a_k = \frac{1}{k^2 - 1} \cdot \frac{2 \cdot v_p}{T} \cdot \left(\begin{array}{l} \left[\cos\left(\frac{T}{2}\right) \cdot \cos\left(k \cdot \frac{T}{2}\right) + k \cdot \sin\left(\frac{T}{2}\right) \cdot \sin\left(k \cdot \frac{T}{2}\right)\right] \\ -[\cos(i) \cdot \cos(k \cdot i) + k \cdot \sin(i) \cdot \sin(k \cdot i)] \\ +[\cos(T) \cdot \cos(k \cdot T) + k \cdot \sin(T) \cdot \sin(k \cdot T)] \\ -\left[\cos\left(i + \frac{T}{2}\right) \cdot \cos\left(k \cdot \left(i + \frac{T}{2}\right)\right) + k \cdot \sin\left(i + \frac{T}{2}\right) \cdot \sin\left(k \cdot \left(i + \frac{T}{2}\right)\right)\right] \end{array} \right)$$

$$(7.56)$$

$$a_k = \frac{1}{k^2 - 1} \cdot \frac{2 \cdot v_p}{T} \cdot \left(\begin{array}{l} [\cos(\pi) \cdot \cos(k \cdot \pi) + k \cdot \sin(\pi) \cdot \sin(k \cdot \pi)] \\ -[\cos(i) \cdot \cos(k \cdot i) + k \cdot \sin(i) \cdot \sin(k \cdot i)] \\ +[\cos(2 \cdot \pi) \cdot \cos(2 \cdot k \cdot \pi) + k \cdot \sin(2 \cdot \pi) \cdot \sin(2 \cdot k \cdot \pi)] \\ -[\cos(i + \pi) \cdot \cos(k \cdot i + k \cdot \pi) + k \cdot \sin(i + \pi) \cdot \sin(k \cdot i + k \cdot \pi)] \end{array} \right)$$

$$(7.57)$$

$$a_k = \frac{1}{k^2 - 1} \cdot \frac{2 \cdot v_p}{T} \cdot \left(\begin{array}{l} -1 \cdot (\mp 1) + 0 - \cos(i) \cdot \cos(k \cdot i) - k \cdot \sin(i) \cdot \sin(k \cdot i) + 1 \cdot 1 + 0 \\ -\left[\begin{array}{l} -\cos(i) \cdot (\cos(k \cdot i) \cdot \cos(k \cdot \pi) - \sin(k \cdot i) \cdot \sin(k \cdot \pi)) \\ -k \cdot \sin(i) \cdot (\sin(k \cdot i) \cdot \cos(k \cdot \pi) + \cos(k \cdot i) \cdot \sin(k \cdot \pi)) \end{array} \right] \end{array} \right)$$

$$(7.58)$$

$$a_k = \frac{1}{k^2 - 1} \cdot \frac{2 \cdot v_p}{T} \cdot \left(\begin{array}{l} \pm 1 + 1 - \cos(i) \cdot \cos(k \cdot i) - k \cdot \sin(i) \cdot \sin(k \cdot i) \\ \mp \cos(i) \cdot \cos(k \cdot i) \mp k \cdot \sin(i) \cdot \sin(k \cdot i) \end{array} \right) \qquad (7.59)$$

$$a_k = \frac{1}{k^2 - 1} \cdot \frac{2 \cdot v_p}{T} \cdot \left(\begin{array}{l} \pm 1 + 1 - \cos(i) \cdot \cos(k \cdot i) \mp \cos(i) \cdot \cos(k \cdot i) \\ -k \cdot (\sin(i) \cdot \sin(k \cdot i) \pm \sin(i) \cdot \sin(k \cdot i)) \end{array} \right) \qquad (7.60)$$

Für k ungerade:

$$a_k = \frac{1}{k^2 - 1} \cdot \frac{2 \cdot v_p}{T} \cdot \begin{pmatrix} 2 - \cos(i) \cdot \cos(k \cdot i) - \cos(i) \cdot \cos(k \cdot i) \\ -k \cdot (\sin(i) \cdot \sin(k \cdot i) + \sin(i) \cdot \sin(k \cdot i)) \end{pmatrix} \quad (7.61)$$

$$a_k = \frac{1}{k^2 - 1} \cdot \frac{4 \cdot v_p}{T} \cdot (1 - \cos(i) \cdot \cos(k \cdot i) - k \cdot \sin(i) \cdot \sin(k \cdot i)) \quad (7.62)$$

Für k gerade:

$$a_k = \frac{1}{k^2 - 1} \cdot \frac{2 \cdot v_p}{T} \cdot \begin{pmatrix} -\cos(i) \cdot \cos(k \cdot i) + \cos(i) \cdot \cos(k \cdot i) \\ -k \cdot (\sin(i) \cdot \sin(k \cdot i) - \sin(i) \cdot \sin(k \cdot i)) \end{pmatrix} \quad (7.63)$$

$$a_k = 0 \quad (7.64)$$

Insbesondere für k=0: $a_0 = 0$

Ermittle b_k als Funktion von i:

$$b_k = \frac{2}{T} \cdot \left(\int_i^{\frac{T}{2}} v_p \cdot \sin(t) \cdot \sin(k \cdot t) dt + \int_{i+\frac{T}{2}}^{T} v_p \cdot \sin(t) \cdot \sin(k \cdot t) dt \right) \quad (7.65)$$

$$b_k = \frac{2 \cdot v_p}{T} \cdot \left(\int_i^{\frac{T}{2}} \sin(t) \cdot \sin(k \cdot t) dt + \int_{i+\frac{T}{2}}^{T} \sin(t) \cdot \sin(k \cdot t) dt \right) \quad (7.66)$$

Wir erinnern uns [1]:

$$\int u' \cdot v = u \cdot v - \int u \cdot v' \quad (7.67)$$

$$\int \sin(t) \cdot \sin(k \cdot t) dt = -\cos(t) \cdot \sin(k \cdot t) + k \cdot \int \cos(t) \cdot \cos(k \cdot t) dt \quad (7.68)$$

$$\int \sin(t) \cdot \sin(k \cdot t) dt = -\cos(t) \cdot \sin(k \cdot t)$$
$$+ k \cdot \left[\sin(t) \cdot \cos(k \cdot t) + k \cdot \int \sin(t) \cdot \sin(k \cdot t) dt \right] \quad (7.69)$$

$$\int \sin(t) \cdot \sin(k \cdot t) dt = -\cos(t) \cdot \sin(k \cdot t)$$
$$+ k \cdot \sin(t) \cdot \cos(k \cdot t) + k^2 \cdot \int \sin(t) \cdot \sin(k \cdot t) dt \quad (7.70)$$

$$\left(1 - k^2\right) \cdot \int \sin\left(t\right) \cdot \sin\left(k \cdot t\right) dt$$

$$= -\cos\left(t\right) \cdot \sin\left(k \cdot t\right) + k \cdot \sin\left(t\right) \cdot \cos\left(k \cdot t\right) \tag{7.71}$$

$$\int \sin\left(t\right) \cdot \sin\left(k \cdot t\right) dt = \frac{1}{\left(1 - k^2\right)} \cdot \left(-\cos\left(t\right) \cdot \sin\left(k \cdot t\right) + k \cdot \sin\left(t\right) \cdot \cos\left(k \cdot t\right)\right) \tag{7.72}$$

$$\int \sin\left(t\right) \cdot \sin\left(k \cdot t\right) dt = \frac{1}{1 - k^2} \cdot \left(k \cdot \sin\left(t\right) \cdot \cos\left(k \cdot t\right) - \cos\left(t\right) \cdot \sin\left(k \cdot t\right)\right) \tag{7.73}$$

$$b_k = \frac{1}{1 - k^2} \cdot \frac{2 \cdot v_p}{T} \cdot \left(\begin{array}{l} \left[k \cdot \sin\left(t\right) \cdot \cos\left(k \cdot t\right) - \cos\left(t\right) \cdot \sin\left(k \cdot t\right)\right]_i^{\frac{T}{2}} \\ + \left[k \cdot \sin\left(t\right) \cdot \cos\left(k \cdot t\right) - \cos\left(t\right) \cdot \sin\left(k \cdot t\right)\right]_{i+\frac{T}{2}}^{T} \end{array} \right) \tag{7.74}$$

$$b_k = \frac{1}{1 - k^2} \cdot \frac{2 \cdot v_p}{T} \cdot \left(\begin{array}{l} \left[k \cdot \sin\left(\frac{T}{2}\right) \cdot \cos\left(k \cdot \frac{T}{2}\right) - \cos\left(\frac{T}{2}\right) \cdot \sin\left(k \cdot \frac{T}{2}\right)\right] \\ - \left[k \cdot \sin\left(i\right) \cdot \cos\left(k \cdot i\right) - \cos\left(i\right) \cdot \sin\left(k \cdot i\right)\right] \\ + \left[k \cdot \sin\left(T\right) \cdot \cos\left(k \cdot T\right) - \cos\left(T\right) \cdot \sin\left(k \cdot T\right)\right] \\ - \left[k \cdot \sin\left(i + \frac{T}{2}\right) \cdot \cos\left(k \cdot \left(i + \frac{T}{2}\right)\right) - \cos\left(i + \frac{T}{2}\right) \cdot \sin\left(k \cdot \left(i + \frac{T}{2}\right)\right)\right] \end{array} \right) \tag{7.75}$$

$$b_k = \frac{1}{1 - k^2} \cdot \frac{2 \cdot v_p}{T} \cdot \left(\begin{array}{l} 0 - k \cdot \sin\left(i\right) \cdot \cos\left(k \cdot i\right) + \cos\left(i\right) \cdot \sin\left(k \cdot i\right) + 0 \\ + k \cdot \sin\left(i\right) \cdot \cos\left(k \cdot i + k \cdot \pi\right) - \cos\left(i\right) \cdot \sin\left(k \cdot i + k \cdot \pi\right) \end{array} \right) \tag{7.76}$$

$$b_k = \frac{1}{1 - k^2} \cdot \frac{2 \cdot v_p}{T} \cdot \left(\begin{array}{l} -k \cdot \sin\left(i\right) \cdot \cos\left(k \cdot i\right) + \cos\left(i\right) \cdot \sin\left(k \cdot i\right) \\ + k \cdot \sin\left(i\right) \cdot \left(\cos\left(k \cdot i\right) \cdot \cos\left(k \cdot \pi\right) - \sin\left(k \cdot i\right) \cdot \sin\left(k \cdot \pi\right)\right) \\ - \cos\left(i\right) \cdot \left(\sin\left(k \cdot i\right) \cdot \cos\left(k \cdot \pi\right) + \cos\left(k \cdot i\right) \cdot \sin\left(k \cdot \pi\right)\right) \end{array} \right) \tag{7.77}$$

$$b_k = \frac{1}{1 - k^2} \cdot \frac{2 \cdot v_p}{T} \cdot \left(\pm \cos\left(i\right) \cdot \sin\left(k \cdot i\right) + \cos\left(i\right) \cdot \sin\left(k \cdot i\right) - k \cdot \sin\left(i\right) \cdot \cos\left(k \cdot i\right) \mp k \cdot \sin\left(i\right) \cdot \cos\left(k \cdot i\right)\right) \tag{7.78}$$

$$b_k = \frac{1}{k^2 - 1} \cdot \frac{2 \cdot v_p}{T} \cdot \left(\mp \cos\left(i\right) \cdot \sin\left(k \cdot i\right) - \cos\left(i\right) \cdot \sin\left(k \cdot i\right) + k \cdot \sin\left(i\right) \cdot \cos\left(k \cdot i\right) \pm k \cdot \sin\left(i\right) \cdot \cos\left(k \cdot i\right)\right) \tag{7.79}$$

Für k ungerade:

$$b_k = \frac{1}{k^2 - 1} \cdot \frac{4 \cdot v_p}{T} \cdot \left(-\cos\left(i\right) \cdot \sin\left(k \cdot i\right) + k \cdot \sin\left(i\right) \cdot \cos\left(k \cdot i\right)\right) \tag{7.80}$$

Für k gerade:

$$b_k = 0 \tag{7.81}$$

Die Funktion für die phasenangeschnittene Spannung v in Abhängigkeit von der Zeit t ist (k ungerade)

$$v(t) = \sum_{k=1}^{\infty} (a_k \cdot \cos(k \cdot t) + b_k \cdot \sin(k \cdot t)) \tag{7.82}$$

$$v(t) = \sum_{k=1}^{\infty} \left(\begin{array}{l} \left(\dfrac{1}{k^2-1} \cdot \dfrac{4 \cdot v_p}{T} \cdot (1 - \cos(i) \cdot \cos(k \cdot i) - k \cdot \sin(i) \cdot \sin(k \cdot i)) \right) \cdot \cos(k \cdot t) \\ - \left(\dfrac{1}{k^2-1} \cdot \dfrac{4 \cdot v_p}{T} \cdot (\cos(i) \cdot \sin(k \cdot i) - k \cdot \sin(i) \cdot \cos(k \cdot i)) \right) \cdot \sin(k \cdot t) \end{array} \right) \tag{7.83}$$

$$v(t) = \frac{4 \cdot v_p}{T} \cdot \sum_{k=1}^{\infty} \frac{\begin{array}{l}(1 - \cos(i) \cdot \cos(k \cdot i) - k \cdot \sin(i) \cdot \sin(k \cdot i)) \cdot \cos(k \cdot t) \\ -(\cos(i) \cdot \sin(k \cdot i) - k \cdot \sin(i) \cdot \cos(k \cdot i)) \cdot \sin(k \cdot t)\end{array}}{k^2 - 1} \tag{7.84}$$

$$v(t) = \frac{4 \cdot v_p}{T} \cdot \sum_{k=1}^{\infty} \frac{\begin{array}{l}1 \cdot \cos(k \cdot t) - \cos(i) \cdot \cos(k \cdot i) \cdot \cos(k \cdot t) - k \cdot \sin(i) \cdot \sin(k \cdot i) \cdot \cos(k \cdot t) \\ - \cos(i) \cdot \sin(k \cdot i) \cdot \sin(k \cdot t) + k \cdot \sin(i) \cdot \cos(k \cdot i) \cdot \sin(k \cdot t)\end{array}}{k^2 - 1} \tag{7.85}$$

$$v(t) = \frac{4 \cdot v_p}{T} \cdot \sum_{k=1}^{\infty} \frac{\begin{array}{l}\cos(k \cdot t) - \cos(i) \cdot (\cos(k \cdot i) \cdot \cos(k \cdot t) + \sin(k \cdot i) \cdot \sin(k \cdot t)) \\ -k \cdot \sin(i) \cdot (\sin(k \cdot i) \cdot \cos(k \cdot t) - \cos(k \cdot i) \cdot \sin(k \cdot t))\end{array}}{k^2 - 1} \tag{7.86}$$

$$v(t) = \frac{4 \cdot v_p}{T} \cdot \sum_{k=1}^{\infty} \frac{\cos(k \cdot t) - \cos(i) \cdot \cos(k \cdot (i - t)) - k \cdot \sin(i) \cdot \sin(k \cdot (i - t))}{k^2 - 1} \tag{7.87}$$

Für k = 1 könnte ein Problem auftreten. Darum muss der Grenzwert für k → 1 betrachtet werden:

$$\lim_{k \to 1} \frac{\cos(k \cdot t) - \cos(i) \cdot \cos(k \cdot (i - t)) - k \cdot \sin(i) \cdot \sin(k \cdot (i - t))}{k^2 - 1} \tag{7.88a}$$

Dieser Term ist vom Typ 0/0, darum kann die Regel von l'Hospital angewendet werden:

$$\lim_{k \to 1} \frac{-t \cdot \sin(k \cdot t) + (i - t) \cdot \cos(i) \cdot \sin(k \cdot (i - t)) - \sin(i) \cdot \sin(k \cdot (i - t)) - k \cdot (i - t) \cdot \sin(i) \cdot \cos(k \cdot (i - t))}{2 \cdot k} \tag{7.88b}$$

$$= \frac{-t \cdot \sin(t) + (i - t) \cdot \cos(i) \cdot \sin(i - t) - \sin(i) \cdot \sin(i - t) - (i - t) \cdot \sin(i) \cdot \cos(i - t)}{2} \tag{7.88c}$$

$$= \frac{-t \cdot \sin(t) - (i - t) \cdot \sin(t) - \sin(i) \cdot \sin(i - t)}{2} \qquad (7.88d)$$

$$= \frac{-i \cdot \sin(t) - \sin(i) \cdot \sin(i - t)}{2} \qquad (7.88e)$$

$$v(t) = \frac{4 \cdot v_p}{T} \cdot \left(\frac{-i \cdot \sin(t) - \sin(i) \cdot \sin(i - t)}{2} + \sum_{k=2}^{\infty} \frac{\cos(k \cdot t) - \cos(i) \cdot \cos(k \cdot (i - t)) - k \cdot \sin(i) \cdot \sin(k \cdot (i - t))}{k^2 - 1} \right)$$

$$(7.89)$$

mit i als Parameter für die Schaltzeit der Thyristoren. Da für k nur ungerade Werte relevant sind, wird k folgendermaßen substituiert:

$$k \to 2 \cdot k + 1 \qquad (7.90)$$

$$v(t) = \frac{4 \cdot v_p}{T} \cdot \left(\frac{-i \cdot \sin(t) - \sin(i) \cdot \sin(i - t)}{2} + \sum_{k=1}^{\infty} \frac{\cos((2 \cdot k + 1) \cdot t) - \cos(i) \cdot \cos((2 \cdot k + 1) \cdot (i - t)) - (2 \cdot k + 1) \cdot \sin(i) \cdot \sin((2 \cdot k + 1) \cdot (i - t))}{(2 \cdot k + 1)^2 - 1} \right)$$

$$(7.91)$$

Betrachtet man diese Fourierreihe für einige i, so ergeben sich bei einer eingestellten Amplitude $v_p = 5$ für i = 0,2, 0,5 und 0,8 in Excel (bei einer Darstellung der ersten 20 Oberschwingungen) gemäß den Abb. 7.6, 7.7 und 7.8:

Für i im Bereich von 0 (Thyristor voll aufgesteuert) oder 1 (Thyristor voll zugesteuert) entstehen noch interessantere Phänomene (Abb. 7.9, 7.10, 7.11 und 7.12).

Man achte in allen Fällen auch auf die Amplitude.

Nebenbei ist bei der Darstellung in Excel natürlich darauf zu achten, dass die Argumente in den Winkelfunktionen auf $2 \cdot \pi$ normiert werden müssen.

Ich habe die Berechnung der Fourierreihe oft überprüft und kann keinen Mangel mehr feststellen. Allerdings fand ich in [2] einige Konvergenzaussagen zur Fourierreihe, u. a. folgenden Satz: „Man kann zwar bedenkenlos zu einer periodischen Funktion eine Fourierreihe aufstellen, jedoch muss die Reihe nicht konvergieren …"

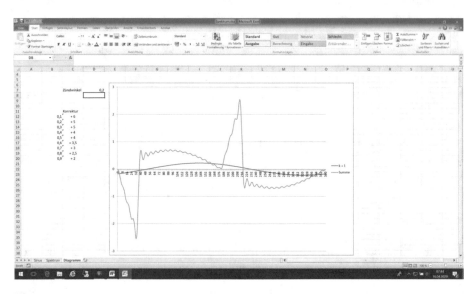

Abb. 7.6 Graph der Summe der Fourierreihe bis zur Oberwelle 20. Ordnung eines angeschnittenen Sinussignals mit einem Schnittfaktor i = 0,2

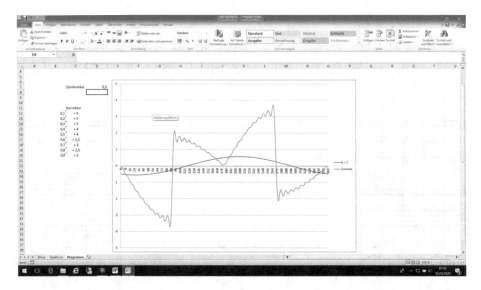

Abb. 7.7 Graph der Summe der Fourierreihe bis zur Oberwelle 20. Ordnung eines angeschnittenen Sinussignals mit einem Schnittfaktor i = 0,5

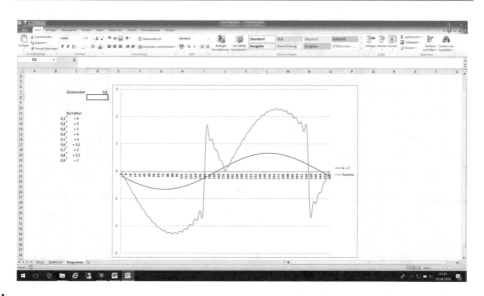

Abb. 7.8 Graph der Summe der Fourierreihe bis zur Oberwelle 20. Ordnung eines angeschnittenen Sinussignals mit einem Schnittfaktor i = 0,8

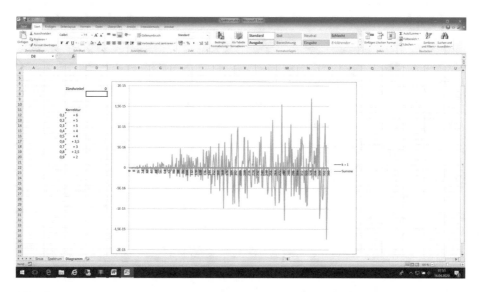

Abb. 7.9 Graph der Summe der Fourierreihe bis zur Oberwelle 20. Ordnung eines angeschnittenen Sinussignals mit einem Schnittfaktor i = 0

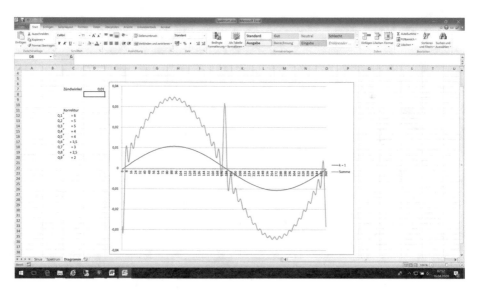

Abb. 7.10 Graph der Summe der Fourierreihe bis zur Oberwelle 20. Ordnung eines angeschnittenen Sinussignals mit einem Schnittfaktor i = 0,01

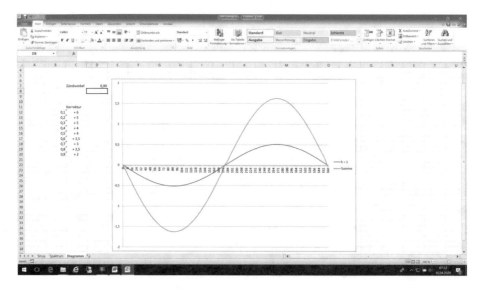

Abb. 7.11 Graph der Summe der Fourierreihe bis zur Oberwelle 20. Ordnung eines angeschnittenen Sinussignals mit einem Schnittfaktor i = 0,99

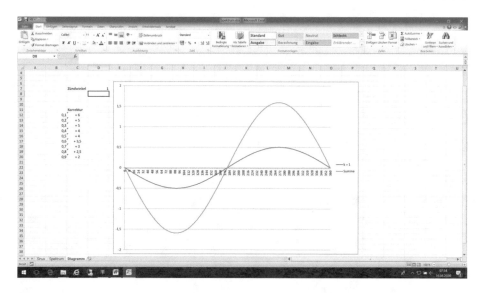

Abb. 7.12 Graph der Summe der Fourierreihe bis zur Oberwelle 20. Ordnung eines angeschnittenen Sinussignals mit einem Schnittfaktor i = 1

Literatur

1. Bronstein, Semendjajew; Taschenbuch der Mathematik; Verlag Nauka Moskau, 25. Auflage 1991
2. Wikipedia, Fourierreihe, 16. 4. 2020

Die Diodengleichung 8

Mit der Diodengleichung setzte ich mich auseinander, weil ich die Verluste eines Leistungsgleichrichters in Abhängigkeit der Temperatur im Leistungsgleichrichter ermitteln musste. Der Ansatz schien einfach: Ich verwende die Shockley-Gleichung, ermittle die beiden Faktoren für die Diode anhand des Kennliniendiagramms für 20 °C und setze anschließend die Temperatur als Parameter, von dem die Verlustleistung abhängt. Das funktionierte grundsätzlich nicht, weil eine Diode eben nicht so simpel ist, wie die Shockley-Gleichung suggeriert, und weil eine Diode ein Temperaturverhalten aufweist, das entgegen dem durch die Shockley-Gleichung beschriebenen Verhalten auftritt.

Das Funktionsprinzip einer Diode beschreibt ein elektrotechnisches Bauteil, das in der einen Spannungsrichtung im wesentlichen niederohmig ist und damit nennenswerten elektrischen Strom fließen lässt und in der anderen Richtung durch seine hochohmige Eigenschaft den elektrischen Strom sperrt, warum Dioden insbesondere in der Geschichte oft mit dem Begriff „Ventil" (= Valve) benannt waren. Weiterhin sind Dioden durch stark unlineares Verhalten gekennzeichnet, das heißt, das Verhältnis von infinitesimaler Spannungsänderung zu infinitesimaler Stromänderung ist nicht annähernd eine Konstante:

$$\frac{dU_{Diode}}{dI_{Diode}} \neq const \tag{8.1}$$

Die Ventilfunktion einer Diode wird technologisch durch zwei Prinzipien realisiert:

- Durch den Austritt von Ladungen aus einem Leiter in ein Gas oder in Vakuum sowie
- durch den Durchtritt von Ladungsträgern durch eine Übergangsschicht in einem Halbleiterkristall,

wobei „der Halbleiterkristall" begrifflich unkorrekt ist, weil die Übergangsschicht tatsächlich zwischen verschiedenartig gestalteten bzw. strukturierten (Halbleiter-)Kristallen angeordnet ist und die Ladungsträger daher beim Übergang von der einen Struktur zur anderen neue energetische Bedingungen vorfinden, ähnlich wie beim Austritt des Ladungsträgers aus dem Leiter in das Gas oder in das Vakuum [1, 2].

8.1   Die Vakuumdiode

In der Vakuumdiode erfolgt der Gleichrichteffekt dadurch, dass ein Pol, nämlich die Kathode, geheizt wird, um die Emission von Elektronen zu vereinfachen bzw. die Emission einer nennenswerten Anzahl von Elektronen zu ermöglichen, und bei Anlegen einer Spannung zwischen der Kathode und der Anode sich die emittierten Elektronen als Ladungsträgerstrom zur Anode bewegen. Das Emissionsverhalten der Vakuumdiode wird durch die Richardson-Gleichung beschrieben [3]:

$$J = A \cdot T^2 \cdot e^{-\frac{W_e}{k_B \cdot T}} \tag{8.2}$$

mit
$J =$ Stromdichte der emittierenden Elektronen in A/m^2
$A =$ Richardson-Konstante $= 1{,}20.173 \cdot 10^6$ A/(m$^2 \cdot$ K^2), scheint jedoch auch materialabhängig zu sein
$T =$ absolute Temperatur in K
$W_e =$ Auslösearbeit für Elektronen in J (ca. 1 … 6 eV, wobei 1 eV $= 1{,}602 \cdot 10^{-19}$ J) [2]
$k_B =$ Boltzmann-Konstante $= 1{,}38064853 \cdot 10^{-23}$ J/K
Durch Anlegen einer elektrischen Spannung zwischen Kathode und Anode kommt es zum Stromfluss. Der gleichrichtende Effekt kommt in erster Linie dadurch zustande, dass aus der Kathode fast ausschließlich Elektronen als Ladungsträger austreten können.

Ein ähnlicher Effekt lässt sich auch in starken elektrischen Feldkonstruktionen ohne Glühemission beobachten, wie sie zum Beispiel in Elektrofiltern auftreten. Dieser Effekt wird durch die sogenannte Fowler–Nordheim-Gleichung beschrieben [4, 5].

8.2   Die Halbleiterdiode

Während bei der Vakuumdiode der gleichrichtende Übergang die physikalische Schnittstelle zwischen einem Material und dem leeren Raum ist, liegt dieser Übergang bei einer Halbleiterdiode in der Grenzschicht zwischen zwei unterschiedlichen Materialkristallstrukturen.

Halbleiter als Werkstoff liegen in ihrer elektrischen Leitfähigkeit zwischen den Leitern und den Isolatoren, wobei die Abgrenzungen wertemäßig eher willkürlich zu sehen sind [6]. Die elektrische Leitfähigkeit eines Halbleiterkristalls ist verhältnismäßig gering und sehr stark temperaturabhängig (Abb. 8.1).

Die Energie, die notwendig ist, um ein Elektron aus dem Atomverband zu lösen und es zu einem Leitungselektron zu machen (Übergang vom Valenzband zum Leitungsband), hängt damit von der Temperatur ab (Abb. 8.2).

Um einen Halbleiterkristall leitfähiger zu machen, wird dieser „dotiert". Technisch gesehen werden in den Kristall Fremdatome eingebracht, die in dem Gefüge entweder einen Elektronenüberschuss (n-Dotierung) oder einen Elektronenmangel (p-Dotierung) bewirken und dadurch bewegliche Ladungsträger zur Verfügung stellen.

Auch bei dotiertem Halbleitermaterial ist noch eine thermische Abhängigkeit der freien Ladungsträger festzustellen (Abb. 8.3 und 8.4).

Man unterscheidet bei dotiertem Material allerdings zwischen den sogenannten Majoritätsträgern, die die durch die Dotierung erzeugten freien Ladungsträger sind, und den Minoritätsträgern, die die jeweils anders polarisierten Ladungsträger sind, das heißt, bei einem Si-Kristall, der im Wesentlichen aus vierwertigem Silizium besteht und der z. B. mit fünfwertigem Phosphor dotiert ist, sind die freien Elektronen die Majoritätsträger und die Löcher die Minoritätsträger, weil jedes Dotierungs-Phosphor im Kristallgefüge das fünfte Elektron zur Verfügung stellt.

Während bei den Majoritätsträgern hinsichtlich der thermischen Abhängigkeit der freien Ladungsträger bei einer bestimmten Temperatur eine Sättigung feststellbar ist, werden Minoritätsträger auch mit höherer Temperatur zunehmend freigestellt (Abb. 8.5).

Mit Anlegen eines elektrischen Feldes an den Halbleiter werden die Ladungsträger in Bewegung gesetzt. Die Fortbewegungsgeschwindigkeit – Driftgeschwindigkeit – der Ladungsträger ist bis zu einer gewissen Feldstärke abhängig von derselben und geht in eine Sättigung über (Abb. 8.6).

Mit zunehmender Dotierung verringert sich die Beweglichkeit der Ladungsträger im Kristallgitter wegen der Zunahme der Gitterstörungen (Abb. 8.7).

Außerdem führt die zunehmende Eigenbewegung der Atome innerhalb des Kristallgitters mit zunehmender Temperatur zu einer Verringerung der Beweglichkeit der Ladungsträger (Abb. 8.8 und 8.9).

Die elektrische Leitfähigkeit eines Halbleitermaterials errechnet sich aus dem Produkt von Ladungsträgerdichte und Ladungsträgerbeweglichkeit:

$$\sigma = e \cdot \left(\mu_p \cdot p + \mu_n \cdot n \right) \tag{8.3}$$

mit

$\sigma =$ Elektrische Leitfähigkeit in $\Omega^{-1} \cdot cm^{-1}$

$e =$ Elementarladung ($1{,}602 \cdot 10^{-19}$ As)

$\mu_p =$ Beweglichkeit der Defektelektronen in $cm^2 \cdot V^{-1} \cdot s^{-1}$

$p =$ Defektelektronendichte in cm^{-3}

$\mu_n =$ Beweglichkeit der Elektronen in $cm^2 \cdot V^{-1} \cdot s^{-1}$

$n =$ Elektronendichte in cm^{-3}

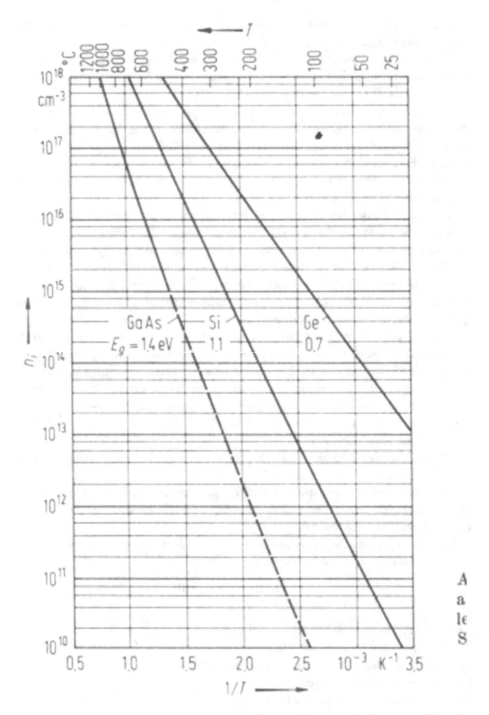

Abb. 8.1 Darstellung der freien Elektronen pro cm³ (n_i an der linken Ordinate) bezogen auf die Temperatur T (obere Abszisse) für undotiertes GaAs, Si und Ge [7]

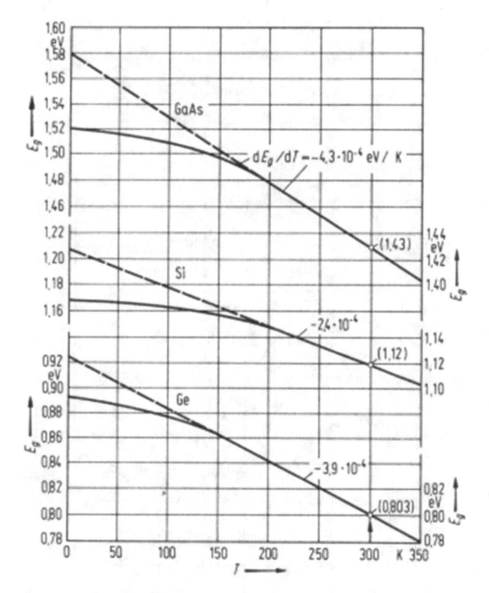

Abb. 8.2 Übergangsenergie E_g in Abhängigkeit von der Temperatur T [8]

Trägt man den spezifischen Widerstand als Kehrwert der elektrischen Leitfähigkeit als Funktion der Dotierungsdichte in ein Diagramm, entsteht Abb. 8.10.

Die Diodenfunktion entsteht dadurch, dass Kristalle unterschiedlicher Struktur miteinander in Kontakt treten. Dies können unterschiedlich dotierte Halbleiterkristalle sein (n-dotiert und p-dotiert) oder Halbleiter und Metalle, z. B. in Schottky-Dioden.

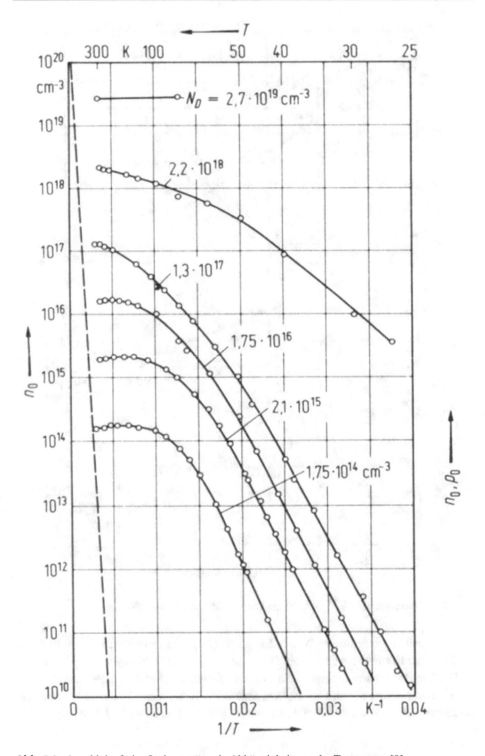

Abb. 8.3 Anzahl der freien Ladungsträger in Abhängigkeit von der Temperatur [9]

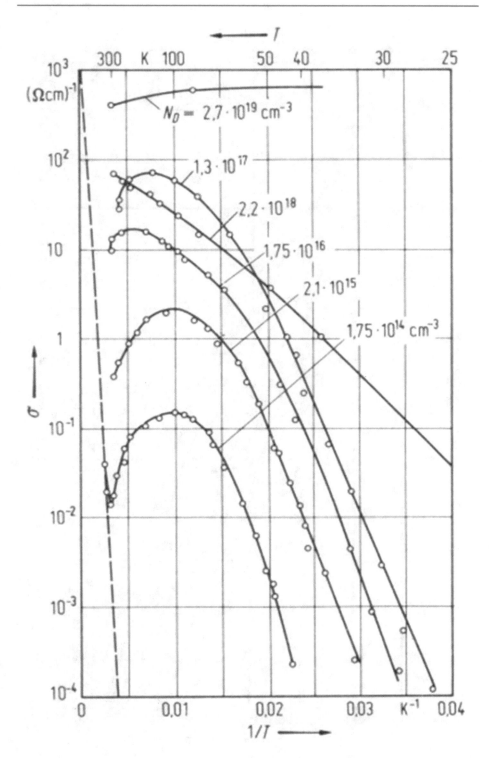

Abb. 8.4 Anzahl der freien Ladungsträger in Abhängigkeit von der Temperatur [10]

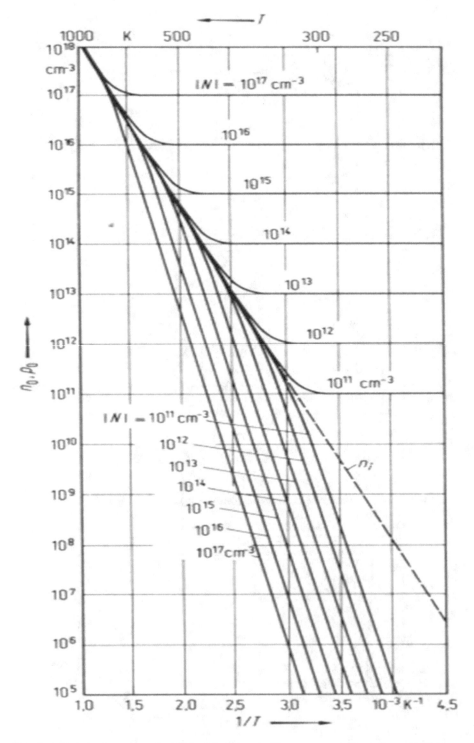

Abb. 8.5 Freie Ladungsträger in Abhängigkeit von der Temperatur mit Darstellung der Sättigung bei Majoritätsträgern [11]

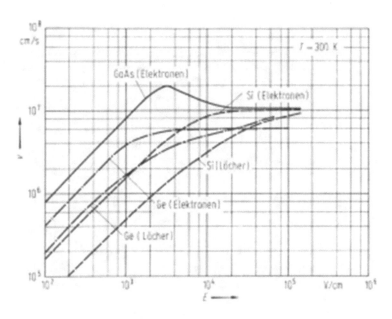

Abb. 8.6 Driftgeschwindigkeit als Funktion der elektrischen Feldstärke [12]

Im Einzelnen führt die Kontaktierung der unterschiedlichen Kristallstrukturen dazu, dass an der Übergangsstelle von einem Kristall zum anderen im Ruhezustand, d. h. ohne Einfluss durch ein elektrisches Feld, Ladungsträger von dem einen Kristall zum andern wandern, z. B. wandern Elektronen aus dem n-dotierten Silizium in das p-dotierte Silizium, um dort die Stellen der Defektelektronen aufzufüllen. Auf diese Weise entsteht eine schmale Grenzschicht im Übergangsbereich, in der die äußersten Elektronenschalen denen der Halbleiter in ihrem reinen Zustand entsprechen; dieser Übergangsbereich, in dem die Ladungsträger sich derart ausgeglichen haben, wird Raumladungszone genannt. Der elektrische Widerstand dieser schmalen Grenzschicht entspricht auch dem eines reinen Halbleiters. Durch die Wanderung der Ladungsträger im Übergangsbereich entsteht dort ein elektrisches Potenzial, weil die Atome zwar an ihren oberen Schalen eine Halbleiterkonfiguration angenommen haben, aber die Menge an Elektronen und Protonen nicht mehr ausgeglichen ist (Abb. 8.11).

Mit Anlegen einer elektrischen Spannung in „Durchlassrichtung", d. h., der negative Pol der Spannungsquelle wird an die Seite mit dem n-dotierten Material angeschlossen und der positive Pol an die Seite mit dem p-dotierten Material, werden die fehlenden Ladungsträger (Elektronen bzw. Defektelektronen) je nach Höhe der angelegten Spannung nach und nach ausgeglichen. Wenn die angelegte Spannung dem elektrischen Potenzial entspricht, das durch die Wanderung der Ladungsträger im Übergangsbereich entstanden war, fängt die Diode an, leitfähig zu werden.

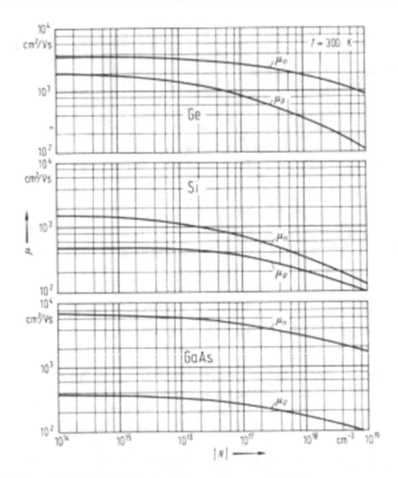

Abb. 8.7 Beweglichkeit als Funktion der Dotierungskonzentration [13]

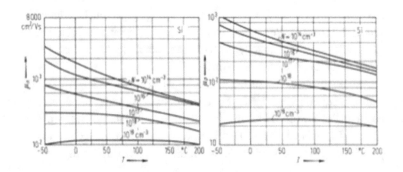

Abb. 8.8 Temperaturabhängigkeit der Driftbeweglichkeit [14]

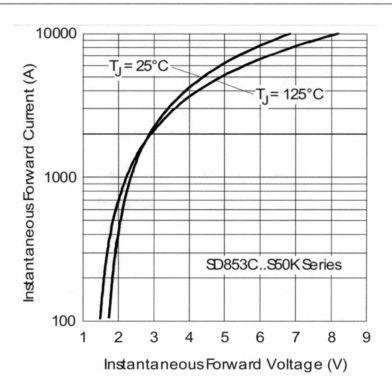

Abb. 8.9 Temperaturabhängigkeit der Driftbeweglichkeit [15]

Wird die Spannungsquelle in „Sperrrichtung" gepolt, d. h., die Polaritäten werden anders herum angelegt, dann vergrößert sich die Raumladungszone nach und nach, bis der gesamte Halbleiterkristall der Diode im Zustand eines reinen Halbleiters ist. Das bedeutet, dass mit zunehmender Sperrspannung einerseits der Widerstand der Diode immer höher wird und andererseits die anliegende Spannung, was dazu führt, dass der Sperrstrom durch die Diode in bestimmten Bereichen nahezu konstant ist.

Wird die elektrische Sperrspannung weiter erhöht, kommt es irgendwann zu einem lawinenartigen Durchbruch im Halbleiterkristall und die Diode wird niederohmig; die anliegende Spannung über dem Halbleiterkristall bleibt nahezu konstant, unabhängig von der Höhe des Stromes. Dieser Effekt wird zum Beispiel bei so genannten Zener-dioden ausgenutzt, wobei der Vollständigkeit halber erwähnt werden sollte, dass die Funktion von Zenerdioden auf zwei Effekten beruht: Auf dem Zener-Effekt und auf dem Avalanche-Effekt.

Um das elektrische Verhalten von Halbleiterdioden mathematisch modellieren zu können, stellte William B. Shockley eine Gleichung vor, die den Durchlassstrom einer

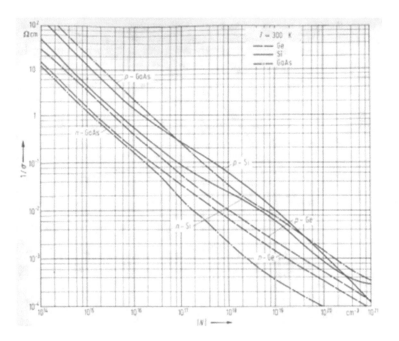

Abb. 8.10 Spezifischer Widerstand als Funktion der Dotierungsdichte [16]

Diode in Abhängigkeit vom Sperrstrom, der anliegenden Spannung und der Temperatur beschreibt [18]:

$$I_D = I_S(T) \cdot \left(e^{\frac{e \cdot U}{n \cdot k \cdot T}} - 1\right) \tag{8.4}$$

mit

I_D = Diodendurchlassstrom in A
I_S = Diodensättigungssperrstrom ($10^{-12} \dots 10^{-6}$ A)
e = Elementarladung ($1{,}602 \cdot 10^{-19}$ As)
U = Diodenspannung in V
n = diodenspezifische Konstante (1 … 2)
k = Boltzmann-Konstante ($1{,}38064853 \cdot 10^{-23}$ J/K)
T = Absolute Temperatur in K
Diese in der Literatur etablierte Diodengleichung hat ein paar Schwächen:

- Sie berücksichtigt nicht die negativen Vorzeichen des Sättigungssperrstroms und der Elementarladung des Elektrons
- Die in den Datenblättern von Dioden angegebenen Sperrströme sind meist um mehrere Zehnerpotenzen höher als der angegebene Bereich von $10^{-12} \dots 10^{-6}$ A

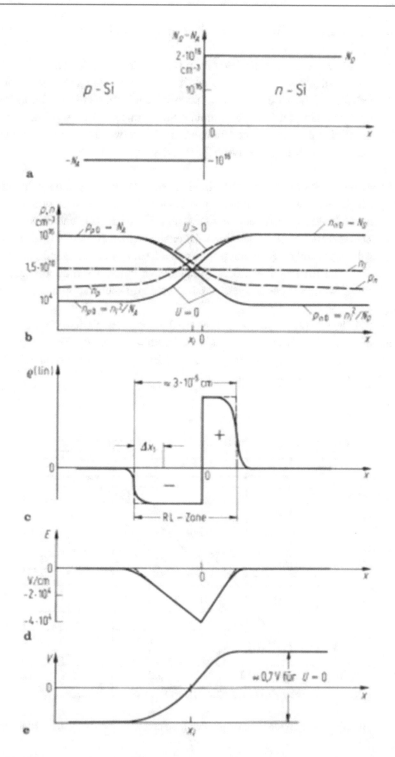

Abb. 8.11 Wanderungseffekt am Übergangsbereich unterschiedlicher Halbleiterschichten [17]

- Sie beschreibt das reale Verhalten der Diode immer nur über ganz kleine Spannungs-
  bereiche [18]
- Setzt man bei einem festgelegten Wert für n verschiedene Temperaturen als Parameter
  für eine Kennlinienschar ein, so entwickelt sich diese entgegengesetzt zum realen
  Diodenverhalten, d. h. bei einer realen Diode wird mit zunehmender Temperatur die
  notwendige Spannung für einen bestimmten Strom immer kleiner, bei der Shockley-
  Gleichung wird mit zunehmender Temperatur die notwendige Spannung für einen
  bestimmten Strom immer größer (Abb. 8.12 und 8.13).

Meine Vorstellung eines mathematischen Modells einer Diodengleichung sieht dergestalt
aus, dass man anhand von Kennlinien einer realen Diode, die man zum Beispiel in
Datenblättern findet, einige Parameter der Diodengleichung anpasst und diese angepasste
Diodengleichung dann für einen größeren Arbeitsbereich, z. B. den aktiven Durchlass-
bereich, für die drei Größen Spannung, Strom und Temperatur genügend genau ist, um
damit zum Beispiel Berechnungen oder Simulationen durchführen zu können. Weiterhin sollen Werte wie der Sperrstrom ebenfalls aus dem Datenblatt entnommen werden
können.

Im Wesentlichen lässt sich das Durchlassverhalten einer Halbleiterdiode mithilfe einer
Exponentialfunktion beschreiben. Um das Verhalten hinsichtlich der Temperatur adäquat
beschreiben zu können, muss die Temperatur im Exponenten der Exponentialfunktion
jedoch auf die Zählerebene angehoben werden.

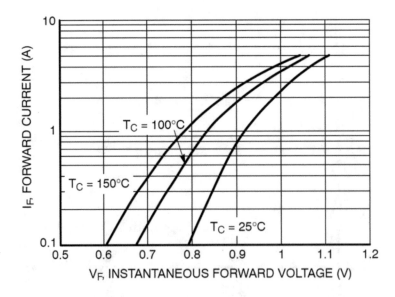

Abb. 8.12 Beispielhafte Kennlinienschar mit der Temperatur als Parameter einer Halbleiterdiode
[19]

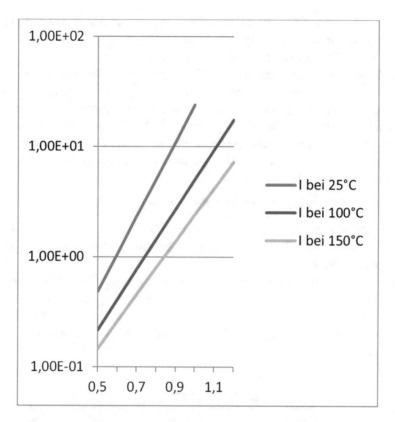

Abb. 8.13 Beispielhaftes Diodenkennlinienfeld auf der Basis der Shockley-Gleichung

Ähnlich der Richardson-Gleichung, die unter anderem die Austrittsarbeit der Elektronen aus der Katode verarbeitet, könnte bei der Diodengleichung die Ionisierungsenergie mit eingebaut werden. Damit ergibt sich eine Diodengleichung der Struktur:

$$I_D = |I_S| \cdot \left(e^{\frac{q \cdot f(U)}{W_i}} - 1\right) \cdot \left(e^{\frac{k \cdot f(T)}{W_i}} - 1\right) \tag{8.5}$$

mit

I_D = Diodendurchlassstrom in A

I_S = Diodensättigungssperrstrom in A

q = Elementarladung $(1{,}602 \cdot 10^{-19}$ As$)$

U = Diodenspannung in V

W_i = Ionisierungsenergie in eV (1 eV = $1{,}602 \cdot 10^{-19}$ J)

k = Boltzmann-Konstante $(1{,}38064853 \cdot 10^{-23}$ J/K$)$

T = Absolute Temperatur in K

Für die f(U) und f(T) müssen Funktionen mit geeigneten Parametern gefunden werden, mit deren Hilfe die allgemeine vorgeschlagene Diodengleichung angepasst werden kann an die Eigenschaften jeweils realer Dioden.

Wie bereits eingangs beschrieben, hängt der Durchlassstrom einer Diode – abgesehen vom Hall- und vom fotoelektrischen Effekt – von der Temperatur und von der anliegenden Spannung ab. Die Abhängigkeit ist unlinear, auch im Hinblick auf exponentielle Relationen. Um eine Annäherungsfunktion genügender Genauigkeit zu finden, wird aus der realen Kennlinie eine bestimmte Anzahl an Stützstellen genommen, diese wird in einem geeigneten Gleichungssystem verarbeitet und die Lösungsfunktion ist gegeben:

$$f(U) = a \cdot U^5 + b \cdot U^4 + c \cdot U^3 + d \cdot U^2 + e \cdot U + f \qquad (8.6)$$

Die Wahl fällt im ersten Ansatz auf ein Polynom 5. Ordnung, weil bei einem Polynom 3. Ordnung nur vier Stützstellen möglich sind, was bei einer realen Diodenkennlinie sicher nicht ausreicht (Abb. 8.14).

Weiterhin strebt bei einem Polynom 4. Ordnung sowie bei einem Polynom 6. Ordnung bei einem positiven Koeffizienten für das höchstpotenzierte Argument das Polynom für das Argument gegen $-\infty$ gegen $+\infty$, was für den Funktionswert der Exponentialfunktion bedeutet, dass dieser ebenfalls gegen $+\infty$ strebt, was nicht der Diodenfunktion entspricht.

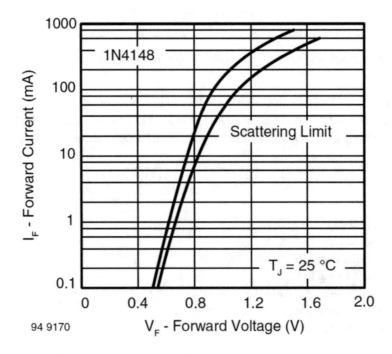

Abb. 8.14 Kennlinienfeld einer 1N4148 [20]

Damit sind sechs Koeffizienten a … f zu ermitteln, was sechs Stützstellen für das Polynom entspricht (siehe Kap. 9).

Für f(T) ist zu berücksichtigen, dass bei zunehmender Temperatur bei einer bestimmten Temperatur ein Maximum in der Leitfähigkeit des Halbleiters erkennbar ist. Dies führt zu der Überlegung, ein Polynom geradzahliger Ordnung einzuführen. Bei Betrachtung der Abhängigkeit der Leitfähigkeit einer Diode von der Temperatur anhand einiger beispielhafter Datenblätter (Abb. 8.15 und 8.16) scheint ein Polynom 2. Ordnung ausreichende Genauigkeit zu liefern. Da hinsichtlich des thermischen Verhaltens bei dotierten Halbleitern nicht davon auszugehen ist, dass die Leitfähigkeit bei einer Temperatur von T = 0 K auch 0 wird, werden alle Koeffizienten bestimmt, was zu drei Stützstellen führt (Ermittlung der Koeffizienten siehe Kap. 9).

$$f(T) = u \cdot T^2 + v \cdot T + w \tag{8.7}$$

Damit wird die Diodengleichung zu

$$I_D = |I_S| \cdot \left(e^{\frac{q \cdot \left(a \cdot U^5 + b \cdot U^4 + c \cdot U^3 + d \cdot U^2 + e \cdot U + f \right)}{w_i}} - 1 \right) \cdot \left(e^{\frac{k \cdot \left(u \cdot T^2 + v \cdot T + w \right)}{w_i}} - 1 \right) \tag{8.8}$$

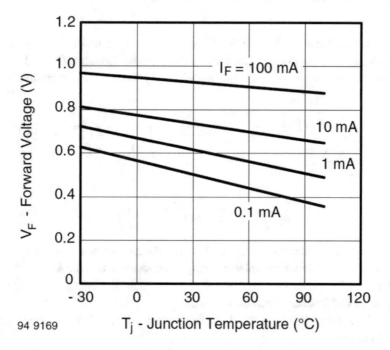

94 9169

Abb. 8.15 Vorwärtskennlinien einer Halbleiterdiode [21]

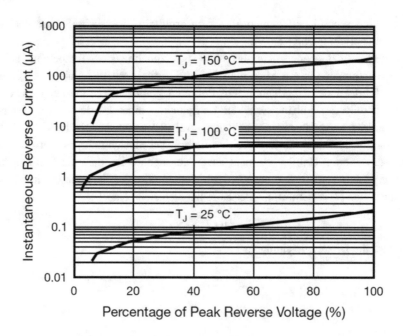

Abb. 8.16 Rückwärtskennlinienfeld einer Halbleiterdiode [22]

Hinsichtlich der Einheiten für die Koeffizienten für a … f und u … w sind die entsprechenden reziproken Potenzwerte der Einheiten für die Spannung (V) und Temperatur (K) anzunehmen, sodass die Exponentenausdrücke jeweils als Ergebniseinheit die „1" erhalten:

$$A = A \cdot \left(e^{\frac{A \cdot s \cdot \left(\frac{1}{V^4} \cdot V^5 + \frac{1}{V^3} \cdot V^4 + \frac{1}{V^2} \cdot V^3 + \frac{1}{V} \cdot V^2 + 1 \cdot V \right)}{V \cdot A \cdot s}} - 1 \right) \cdot \left(e^{\frac{V \cdot A \cdot s}{K} \cdot \left(\frac{1}{K} \cdot K^2 + 1 \cdot K + K \right)}{V \cdot A \cdot s}} - 1 \right), \qquad (8.9)$$

d. h.,

$$S_m \left(T_m / \frac{W_i}{k} \cdot \ln \left(\frac{I_{Dm}}{I_{D1}} + 1 \right) \right). \qquad (8.10)$$

Leider können die Stützstellen nicht einfach den Diagrammen entnommen und in die beiden Gleichungssysteme im Anhang 1 eingesetzt werden. Um die Stützstellen für die Ermittlung der Koeffizienten a … f bzw. u … w ermitteln zu können, sind folgende Vorüberlegungen und Betrachtungen notwendig:

Für welche Temperatur gilt das U-I-Diagramm im Datenblatt der Diode (aus dem Datenblatt ablesen)?

Für diese Temperatur sei der Ausdruck

$$\left(e^{\frac{k\cdot\left(u\cdot T^2+v\cdot T+w\right)}{W_i}} - 1 \right) = 1. \tag{8.11}$$

Damit kann die Diodengleichung umgestellt werden:

$$I_D = |I_S| \cdot \left(e^{\frac{q\cdot\left(a\cdot U^5+b\cdot U^4+c\cdot U^3+d\cdot U^2+e\cdot U+f\right)}{W_i}} - 1 \right) \tag{8.12}$$

$$\frac{I_D}{|I_S|} = e^{\frac{q\cdot\left(a\cdot U^5+b\cdot U^4+c\cdot U^3+d\cdot U^2+e\cdot U+f\right)}{W_i}} - 1 \tag{8.13}$$

$$\frac{I_D}{|I_S|} + 1 = e^{\frac{q\cdot\left(a\cdot U^5+b\cdot U^4+c\cdot U^3+d\cdot U^2+e\cdot U+f\right)}{W_i}} \tag{8.14}$$

$$\ln\left(\frac{I_D}{|I_S|} + 1 \right) = \frac{q\cdot\left(a\cdot U^5 + b\cdot U^4 + c\cdot U^3 + d\cdot U^2 + e\cdot U + f\right)}{W_i} \tag{8.15}$$

$$\frac{W_i}{q} \cdot \ln\left(\frac{I_D}{|I_S|} + 1 \right) = a\cdot U^5 + b\cdot U^4 + c\cdot U^3 + d\cdot U^2 + e\cdot U + f \tag{8.16}$$

Damit gilt für die sechs Stützstellen zur Ermittlung des Interpolationspolynoms der Spannung:

$$S_n\left(U_n / \frac{W_i}{q} \cdot \ln\left(\frac{I_{Dn}}{|I_S|} + 1 \right) \right) \tag{8.17}$$

mit $n = 1 \dots 6$.

Mit diesen Stützstellen können die Koeffizienten a … f gemäß Kap. 9 ermittelt werden. Dabei ist es aus anwendungstechnischer Sicht meist nicht notwendig, dass eine Stützstelle für die Spannung $U = 0$ ermittelt werden kann und muss.

Für die Ermittlung der Koeffizienten u … w wird der Ausdruck

$$\left(e^{\frac{k\cdot\left(u\cdot T^2+v\cdot T+w\right)}{W_i}} - 1 \right) = 1 \tag{8.18}$$

herangezogen und umgestellt (dabei sei T_1 die Temperatur, für die der Graph des U/I-Diagramms gilt):

$$\left(e^{\frac{k\cdot\left(u\cdot T_1^2+v\cdot T_1+w\right)}{W_i}} - 1 \right) = 1 = R_1(T_1) \tag{8.19}$$

$$\left(e^{\frac{k \cdot \left(u \cdot T_m^2 + v \cdot T_m + w \right)}{W_i}} - 1 \right) = R_m(T_m) \tag{8.20}$$

mit $m \in [2, 3]$.

Weiterhin berechnet man

$$\left(e^{\frac{k \cdot \left(u \cdot T_m^2 + v \cdot T_m + w \right)}{W_i}} - 1 \right) = R_m(T_m) \tag{8.21}$$

$$e^{\frac{k \cdot \left(u \cdot T_m^2 + v \cdot T_m + w \right)}{W_i}} = R_m(T_m) + 1 \tag{8.22}$$

$$\frac{k \cdot \left(u \cdot T_m^2 + v \cdot T_m + w \right)}{W_i} = \ln \left(R_m(T_m) + 1 \right) \tag{8.23}$$

$$u \cdot T_m^2 + v \cdot T_m + w = \frac{W_i}{k} \cdot \ln \left(R_m(T_m) + 1 \right) \tag{8.24}$$

mit

$$R_1(T_1) = 1 \tag{8.25}$$

$$R_m(T_m) = \frac{I_{Dm}}{I_{D1}} \quad \text{mit } m \in [2, 3] \tag{8.26}$$

Die Werte für die Temperaturen und Ströme werden bei der gleichen Spannung aus dem Diagramm entnommen.

Die drei Stützstellen zur Ermittlung der Koeffizienten u … w des Interpolationspolynoms für die Temperatur werden damit

$$S_m \left(T_m / \frac{W_i}{k} \cdot \ln \left(\frac{I_{Dm}}{I_{D1}} + 1 \right) \right) \tag{8.27}$$

mit $m = 1 \ldots 3$.

Damit können aus dem Datenblatt einer Diode die notwendigen Stützstellen für das Spannungs-Strom-Verhalten sowie für die Temperatur entnommen und anhand eines vorbereiteten Excel-Blattes die Koeffizienten für die Interpolationspolynome ermittelt werden (siehe auch Abschn. 8.3).

Diese Diodengleichung bildet das Verhalten einer Diode immer nur innerhalb eines bestimmten Bereichs für Spannung und Strom genügend genau ab. Dies liegt in erster Linie daran, dass jede Interpolation einer Funktion mithilfe eines Polynoms nur eine begrenzte Genauigkeit erreichen kann, nicht zuletzt, weil Polynome Minima und

Maxima haben und man den aktiven Bereich des Polynoms für die Interpolation so abstimmen muss, dass diese Minima und Maxima nicht stören.

Eine Interpolation mit einer anderen Funktion, z. B. einer Exponentialfunktion oder einer trigonometrischen Funktion, führt jedoch sehr schnell zu transzendenten Gleichungssystemen, die nur noch durch numerische Iteration für feste Parameter lösbar sind. Dies widerspricht jedoch der Absicht, eine allgemeine Lösung für die Modellierung von Diodenverhalten anzubieten, mit deren Hilfe man über den durch die Größen Vorwärtsspannung, Vorwärtsstrom und Temperatur aufgespannten dreidimensionalen Raum in einem normalen Arbeitsbereich der Diode diese Lösung anwenden kann. Durch die korrekte Zuordnung der Entwicklung des Diodenverhaltens in Relation zur Vorwärtsspannung, dem Vorwärtsstrom und der Temperatur im Gegensatz zur falschen Zuordnung in der Shockley-Gleichung, ist diese Lösung anwendbar. Einige Beispiele werden in Abschn. 8.4 dargestellt.

Ist eine höhere Genauigkeit bzw. eine bestimmte Mindestgenauigkeit über einen größeren Spannungs- oder Strombereich vonnöten als das Polynom 5. Ordnung in der Diodengleichung liefern kann, kann eventuell auch ein Interpolationspolynom höherer Ordnung zum Ansatz gebracht werden. Der grundsätzliche Algorithmus ändert sich dadurch nicht, jedoch sei darauf hingewiesen, dass sich im Detail das modellierte Diodenverhalten von der realen Diode insofern unterscheidet, dass im Modell zwischen den Stützstellen lokale Maxima und Minima oder zumindest Wendestellen auftauchen, weil der Graph der modellierten Gleichung um den realen Graphen „oszilliert".

In der heutigen Zeit digitaler Rechner mit umfangreichen Datenspeichern und hohen Rechenleistungen ist es in den meisten Fällen nicht mehr üblich, eine Aufgabe wie die Simulation des Diodenverhaltens anhand einer analytischen Gleichung durchzuführen; insofern mag der Erarbeitung einer analytischen Diodengleichung auf den ersten Blick nicht mehr der selbe Stellenwert zukommen wie zur Zeiten eines Herrn Shockley. Heutzutage werden je nach gewünschter Genauigkeit eine bestimmte Menge an Stützstellen aus den Diagrammen von Dioden entnommen und diese während einer Simulationsberechnung durch den Mikroprozessor verarbeitet. Zwischenwerte werden meist durch lineare Interpolation zwischen den beiden nächstgelegenen Stützwerten ermittelt.

Um das Verhalten einer Halbleiterdiode jedoch technisch durchdringen und verstehen zu können, sehe ich nach wie vor die analytische Betrachtung als sinnvoll und notwendig an.

8.3   Berechnung der Diodengleichung

Zur Darstellung der Diodengleichung und zum Vergleich mit den Daten aus den Diagrammen realer Dioden wird eine Excel-Tabelle entsprechend strukturiert (Abb. 8.17).

Wie in Abschn. 8.2 beschrieben, werden die Interpolationspolynome zur Annäherung der Diodengleichung nicht direkt angewendet, sondern im Exponenten der Exponentialfunktion. Dem entsprechend, werden die Koeffizienten für die Interpolationspolynome

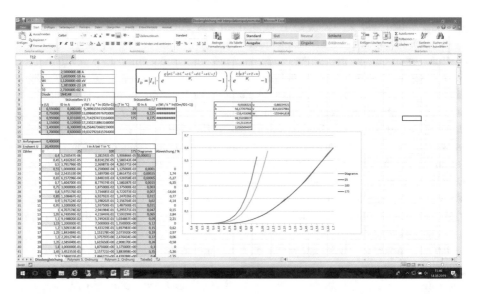

Abb. 8.17 Bildschirmabzug der Excel-Tabelle zur Darstellung der Diodengleichung und zum Vergleich der Diodendaten; grüne Felder sind Eingabefelder; links oben werden die Kenndaten der Diode aus dem Datenblatt eingegeben, rechts daneben zur Information die Diodengleichung; darunter in den beiden Bereichen werden die Stützstellen aus den Diagrammen des Datenblattes eingegeben; in dem großen Feld darunter werden in der oberen Zeile die Temperaturen eingegeben, in der Spalte rechts darunter, die Ablesewerte aus der Kennlinie des Datenblattes; rechts unten erscheint das Kennlinienfeld der betrachteten Diode; darüber sind die Parameter für die beiden Polynome gelistet

nicht direkt aus den Stützstellen entnommen, die aus den Diagrammen abgelesen werden, sondern über eine Logarithmusfunktion bestimmt (für Details siehe Abschn. 8.2).

Die Stützstellen werden dem Diagramm für die entsprechende Diode entnommen, z. B. 1N4148, und in die Excel-Tabelle eingetragen.

Aus den Formeln für die Interpolationspolynome werden entsprechende Formeln für die Berechnung in Excel abgeleitet. Um die Fehlerrate zu reduzieren, ist das Vorgehen wie folgt:

1. Die Ausdrücke für die Koeffizienten der Interpolationspolynome werden mit einem Textprogramm erstellt; dabei werden die Koeffizientenausdrücke mit den vorhandenen Variablendarstellungen (X1, X2 … Y1, Y2 … etc.) in die Excel-Syntax übernommen, z. B.

   K0 = −1 * (X2 * X3 * X4 * X5 * X6 * Y1)/((X1 − X2) * (X1 − X3) * (X1 − X4) * (X1 − X5) * (X1 − X6)) − (X1 * X3 * X4 * X5 * X6 * Y2)/((X2 − X1) * (X2 − X3) * (X2 − X4) * (X2 − X5) * (X2 − X6)) − (X1 * X2 * X4 * X5 * X6 * Y3)/((X3 − X1) * (X3 − X2) * (X3 − X4) * (X3 − X5) * (X3 − X6)) − (X1 * X2 * X3 * X5 * X6 * Y4)/((X4 − X1) * (X4 − X2) * (X4 − X3) * (X4 − X5) * (X4 − X6)) − (X1 * X2 * X3 *

X4 * X6 * Y5)/((X5 − X1) * (X5 − X2) * (X5 − X3) * (X5 − X4) * (X5 − X6)) − (X1 * X2 * X3 * X4 * X5 * Y6)/((X6 − X1) * (X6 − X2) * (X6 − X3) * (X6 − X4) * (X6 − X5)).

2. Anschließend werden mit der Funktion "Suchen und Ersetzen" des Textprogrammes die Variablen-bezeichnungen X1, X2 etc. in die Feldbezeichnungen für Excel umgewandelt, in denen die Werte für X1, X2 usw. stehen, z. B. B10, B11 etc.:
K0 = −1 * (B11 * B12 * B13 * B14 * B15 * D10)/((B10 − B11) * (B10 − B12) * (B10 − B13) * (B10 − B14) * (B10 − B15)) − (B10 * B12 * B13 * B14 * B15 * D1 1)/((B11 − B10) * (B11 − B12) * (B11 − B13) * (B11 − B14) * (B11 − B15)) − (B 10 * B11 * B13 * B14 * B15 * D12)/((B12 − B10) * (B12 − B11) * (B12 − B13) * (B12 − B14) * (B12 − B15)) − (B10 * B11 * B12 * B14 * B15 * D13)/((B13 − B1 0) * (B13 − B11) * (B13 − B12) * (B13 − B14) * (B13 − B15)) − (B10 * B11 * B 12 * B13 * B15 * D14)/((B14 − B10) * (B14 − B11) * (B14 − B12) * (B14 − B13) * (B14 − B15)) − (B10 * B11 * B12 * B13 * B14 * D15)/((B15 − B10) * (B15 − B 11) * (B15 − B12) * (B15 − B13) * (B15 − B14)).

Wenn man für diese Vorgehensweise alle Koeffizientenausdrücke in dem Text-programm auf einmal markiert und „Alle Ersetzungen" durchführen lässt, müssen für alle Koeffizienten (K0 … K5 beim Polynom 5. Ordnung und K0 … K2 beim Polynom 2. Ordnung) für jedes X… und jedes Y… jeweils pro Polynom die gleiche Menge an Ersetzungen durchgeführt werden. Auf diese Weise kann man eine einfache Plausibili-tätsprüfung der Formeln durchführen. Die derart umgewandelten Excel-Ausdrücke werden dann in die entsprechenden Felder im Excel-Rechenblatt reinkopiert. Hier findet die nächste Plausibilitätsprüfung statt: Wenn nicht die gleiche Anzahl rechter und linker Klammern im Ausdruck vorhanden ist, dann gibt es eine Fehlermeldung. Es empfiehlt sich, die Korrekturen immer im Textdokument durchzuführen, um in jedem Fall einen einheitlichen Stand der Ausdrücke in beiden Dateien zu haben. Wenn die Ausdrücke für die Koeffizienten den vorbeschriebenen Überprüfungen standgehalten haben, kann man einige Standardzahlenpaare für die Stützstellen eingeben und die Koeffizienten bestimmen lassen. Eine vollständige Prüfung der Ausdrücke durch Tests ist in der Praxis nicht mög-lich [23], aber durch das gezielte Einsetzen bestimmter Zahlenpaare kann die Korrektheit der Ausdrücke zumindest mit einer gewissen Wahrscheinlichkeit überprüft werden:

1. Lineare Gleichung: Stützstellen, die auf einer Geraden liegen, führen dazu, dass bei dem Interpolationspolynom alle Koeffizienten mit Ausnahme desjenigen für den linearen Faktor zu „0" werden; verläuft die Stützgerade nicht durch den Nullpunkt, so ist auch der Koeffizient für den konstanten Wert ungleich „0".
2. Die x-Werte einiger Stützstellensätze werden in das Polynom eingesetzt; die korrespondierenden y-Werte der Stützstellen müssen als Ergebnis auftauchen.

Zusätzlich zu dem Excel-Arbeitsblatt für die Berechnung und Darstellung des Dia-grammes für eine Diode gibt es ein Arbeitsblatt, in dem das Polynom 5. Ordnung in einem

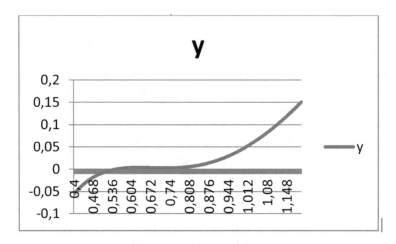

Abb. 8.18 Beispielhafter Graph in Excel für ein Polynom 5. Ordnung, um zu erkennen, ob im relevanten Bereich der Funktion lokale Extrema liegen

Diagramm innerhalb eines bestimmten Bereiches dargestellt wird (Abb. 8.18). Hier kann einfach abgelesen werden, ob das Polynom in dem Wertebereich, der für die Dioden-gleichung von Relevanz ist, ein lokales Extremum und/oder einen Wendepunkt hat.

8.4   Betrachtung verschiedener Diodenbeispiele

Die in diesem Anhang vorgestellten Beispiele von Diodenkennlinien sind aus Daten-blättern von Vishay entnommen. Das hängt nicht zuletzt damit zusammen, dass die Datenblätter von Vishay die für eine Modellierung notwendigen Informationen und Dia-gramme beinhalten, zumindest bei den vorgestellten Dioden.

Der Ablauf für die Ermittlung der Koeffizienten für die Diodengleichung für die nach-folgend vorgestellten Beispiele ist immer gleich: Aus dem Diagramm bzw. der Graphen-schar für den Vorwärtsstrom in Abhängigkeit von der Vorwärtsspannung, fast immer mit der Kristalltemperatur als Parameter, wird die 25 °C-Kennlinie in 0,05-V-Schritten in eine Tabelle übernommen. Aus diesen Zahlenpaaren aus Spannung und Strom werden sechs entnommen und in die in Abschn. 8.3 vorgestellte Tabelle eingefügt. Zugleich werden die Werte für die Spannungen und Ströme in eine Tabelle eingefügt. Weiterhin werden Stützstellen für die thermische Entwicklung des Stromes aus dem Diagramm entnommen und in die in Abschn. 8.3 vorgestellte Tabelle eingefügt.

Im Ergebnisdiagramm werden die abgelesenen Wertepaare und die berechneten Wertepaare dargestellt, außerdem werden für die zusätzlichen Temperaturen – neben der 25 °C-Kennlinie – die Kennlinien berechnet und im Diagramm dargestellt.

Für die in Tab. 8.1 gelisteten Dioden werden die Modellkennlinien abgebildet.

Tab. 8.1 Liste der nachfolgend modellierten Dioden [24–37]

Diodenname	Funktionstyp	Sättigungssperrstrom/A	Abb.
1N4148	Small Signal Fast Switching Diode	$2{,}5 \cdot 10^{-8}$	8.19
AU1PM	Ultrafast Avalanche Rectifier	$1{,}0 \cdot 10^{-6}$	8.20
BAT42W	Small Signal Schottky Diode	$5{,}0 \cdot 10^{-7}$	8.21
BAT46W	Small Signal Schottky Diode	$8{,}0 \cdot 10^{-7}$	8.22
BU1006	Bridge Rectifier	$5{,}0 \cdot 10^{-6}$	8.23
BYV98	Ultrafast Avalanche Diode	$1{,}0 \cdot 10^{-5}$	8.24
LL46	Small Signal Schottky Diode	$8{,}0 \cdot 10^{-7}$	8.25
MBR10H	High Voltage Schottky Diode	$4{,}5 \cdot 10^{-6}$	8.26
PB5006	Bridge Rectifier	$1{,}0 \cdot 10^{-5}$	8.27
SF1200	Ultrafast Avalanche Diode	$5{,}0 \cdot 10^{-6}$	8.28
UHF20-FCT	Ultrafast Recovery Rectifier	$5{,}0 \cdot 10^{-6}$	8.29
V20202C	High Voltage Trench MOS Barrier Schottky Rectifier	$4{,}0 \cdot 10^{-5}$	8.30
VS-150EBU02HF4	Ultrafast Soft Recovery Diode	$5{,}0 \cdot 10^{-5}$	8.31
VS-SD853	Fast Recovery Diode, Puck Version	$1{,}0 \cdot 10^{-1}$	8.32

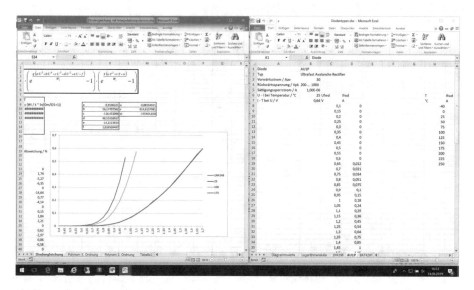

Abb. 8.19 Kurvenschar einer 1N4148; es werden die aus einem Datenblatt entnommenen Werte (blau = Diagramm) mit den errechneten Werten für 25 °C (rot), 100 °C (grün) und 175 °C (violett) dargestellt

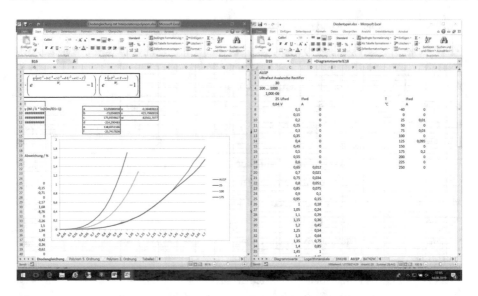

Abb. 8.20 Kurvenschar einer AU1P; es werden die aus einem Datenblatt entnommenen Werte (blau = Diagramm) mit den errechneten Werten für 25 °C (rot), 100 °C (grün) und 175 °C (violett) dargestellt

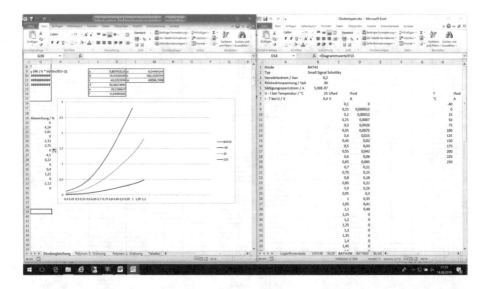

Abb. 8.21 Kurvenschar einer BAT42; es werden die aus einem Datenblatt entnommenen Werte (blau = Diagramm) mit den errechneten Werten für 25 °C (rot), 100 °C (grün) und 175 °C (violett) dargestellt

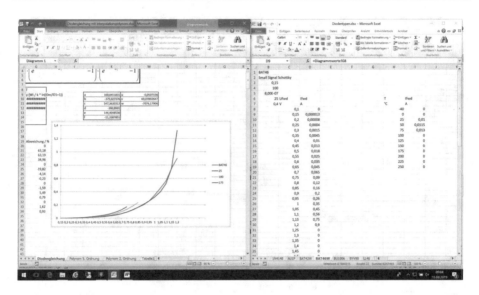

Abb. 8.22 Kurvenschar einer BAT46; es werden die aus einem Datenblatt entnommenen Werte (blau = Diagramm) mit den errechneten Werten für 25 °C (rot), 100 °C (grün) und 175 °C (violett) dargestellt

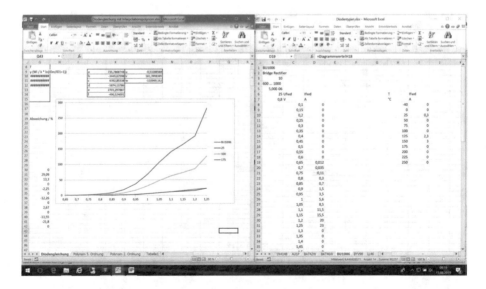

Abb. 8.23 Kurvenschar einer BU1006; es werden die aus einem Datenblatt entnommenen Werte (blau = Diagramm) mit den errechneten Werten für 25 °C (rot), 100 °C (grün) und 175 °C (violett) dargestellt

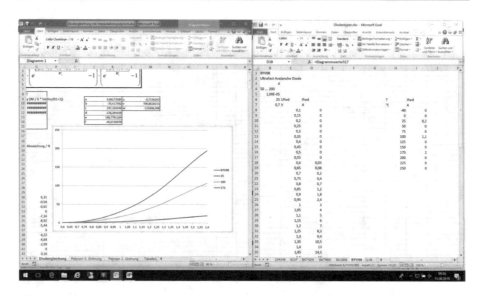

Abb. 8.24 Kurvenschar einer BYV98; es werden die aus einem Datenblatt entnommenen Werte (blau = Diagramm) mit den errechneten Werten für 25 °C (rot), 100 °C (grün) und 175 °C (violett) dargestellt

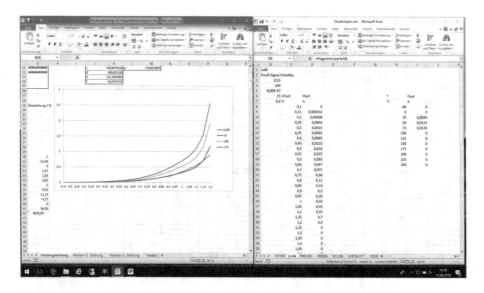

Abb. 8.25 Kurvenschar einer LL46; es werden die aus einem Datenblatt entnommenen Werte (blau = Diagramm) mit den errechneten Werten für 25 °C (rot), 100 °C (grün) und 175 °C (violett) dargestellt

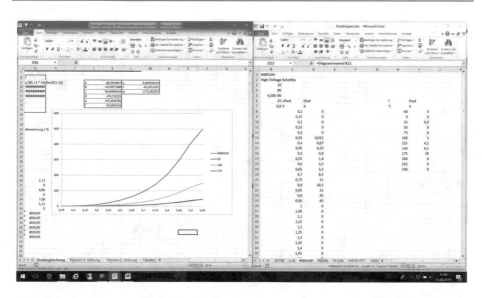

Abb. 8.26 Kurvenschar einer MBR10H; es werden die aus einem Datenblatt entnommenen Werte (blau = Diagramm) mit den errechneten Werten für 25 °C (rot), 100 °C (grün) und 175 °C (violett) dargestellt

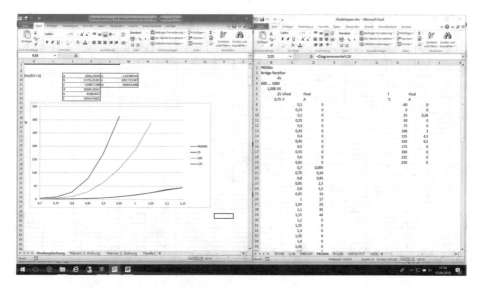

Abb. 8.27 Kurvenschar einer PB5006; es werden die aus einem Datenblatt entnommenen Werte (blau = Diagramm) mit den errechneten Werten für 25 °C (rot), 100 °C (grün) und 175 °C (violett) dargestellt

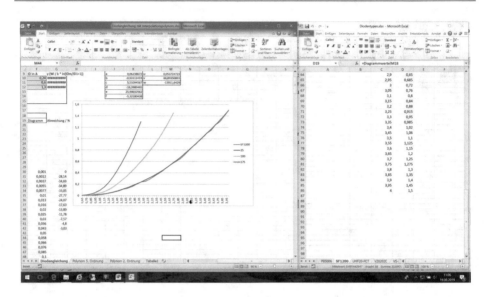

Abb. 8.28 Kurvenschar einer SF1200; es werden die aus einem Datenblatt entnommenen Werte (blau = Diagramm) mit den errechneten Werten für 25 °C (rot), 100 °C (grün) und 175 °C (violett) dargestellt

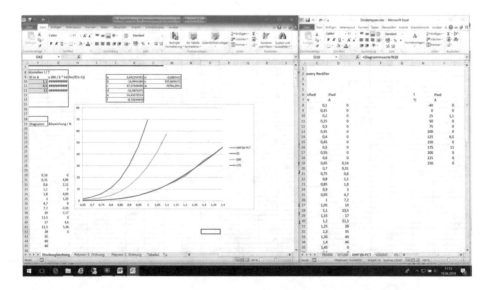

Abb. 8.29 Kurvenschar einer UHF20-FCT; es werden die aus einem Datenblatt entnommenen Werte (blau = Diagramm) mit den errechneten Werten für 25 °C (rot), 100 °C (grün) und 175 °C (violett) dargestellt

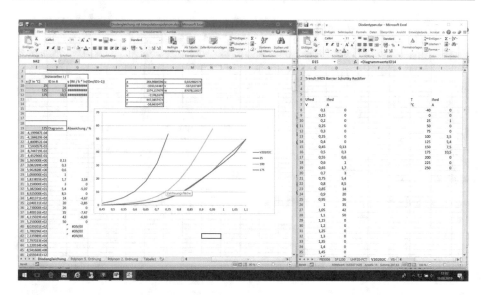

Abb. 8.30 Kurvenschar einer V20202C; es werden die aus einem Datenblatt entnommenen Werte (blau = Diagramm) mit den errechneten Werten für 25 °C (rot), 100 °C (grün) und 175 °C (violett) dargestellt

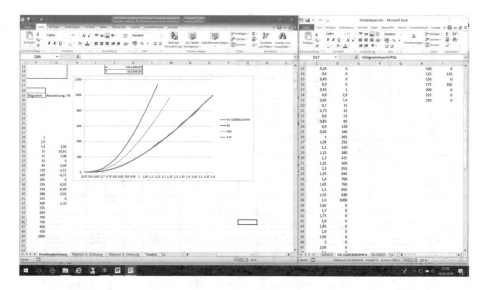

Abb. 8.31 Kurvenschar einer VS-150EBUO2FH4; es werden die aus einem Datenblatt entnommenen Werte (blau = Diagramm) mit den errechneten Werten für 25 °C (rot), 100 °C (grün) und 175 °C (violett) dargestellt

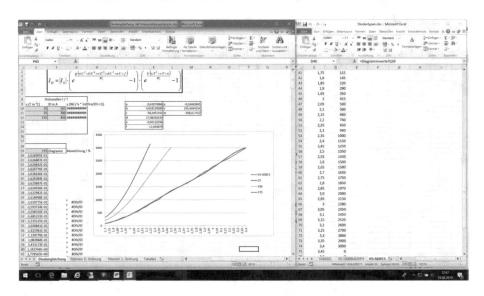

Abb. 8.32 Kurvenschar einer VS-SD853; es werden die aus einem Datenblatt entnommenen Werte (blau = Diagramm) mit den errechneten Werten für 25 °C (rot), 100 °C (grün) und 175 °C (violett) dargestellt

Literatur

1. Fernuniversität Hagen, Studienskript „Halbleiter Schaltungstechnik", 1990
2. Ulrick Tietze, Christoph Schenk et al; Halbleiter-Schaltungstechnik; Springer Verlag 1993
3. Wikipedia, Edison-Richardson-Effekt, 1. 3. 2021
4. Wikipedia, Feldemission, 1. 3. 2021
5. Josef von Stackelberg et al; Handbuch Elektrofilter; Springer Verlag, 2018
6. R. Müller, Grundlagen der Halbleiter-Elektronik, Springer-Verlag, 1991
7. Abbildung 11 in R. Müller, Grundlagen der Halbleiter-Elektronik, Springer-Verlag, 1991
8. Abbildung 48 in R. Müller, Grundlagen der Halbleiter-Elektronik, Springer-Verlag, 1991
9. Abbildung 15 in R. Müller, Grundlagen der Halbleiter-Elektronik, Springer-Verlag, 1991
10. Abbildung 24 in R. Müller, Grundlagen der Halbleiter-Elektronik, Springer-Verlag, 1991
11. Abbildung 16 in R. Müller, Grundlagen der Halbleiter-Elektronik, Springer-Verlag, 1991
12. Abbildung 20 in R. Müller, Grundlagen der Halbleiter-Elektronik, Springer-Verlag, 1991
13. Abbildung 21 in R. Müller, Grundlagen der Halbleiter-Elektronik, Springer-Verlag, 1991
14. Abbildung 23 in R. Müller, Grundlagen der Halbleiter-Elektronik, Springer-Verlag, 1991
15. Abbildung 9 in Vishay, Data Sheet VS-SD853C ..S50K Series
16. Abbildung 25 in R. Müller, Grundlagen der Halbleiter-Elektronik, Springer-Verlag, 1991
17. Abbildung 77 in R. Müller, Grundlagen der Halbleiter-Elektronik, Springer-Verlag, 1991
18. Wikipedia, Shockley-Gleichung, 1. 3. 2021
19. ON Semi, Datenblatt der 1N4001, Figur 1
20. Vishay, Datenblatt der 1N4148, Figur 2
21. Vishay, Datenblatt der 1N4148, Figur 1
22. Vishay, Datenblatt der 1N4001, Figur 5

23. Josef von Stackelberg, Hardware-Interpretation graphisch formulierter sicherheitsgerichteter Echtzeitprogramme, VDI-Verlag, 2006
24. Vishay, Datenblatt der 1N4148, Version von 12/2013
25. Vishay, Datenblatt der AU1PM, Version von 02/2015
26. Vishay, Datenblatt der BAT42W, Version von 02/2013
27. Vishay, Datenblatt der BAT46W, Version von 02/2013
28. Vishay, Datenblatt der BU1006, Version von 08/2013
29. Vishay, Datenblatt der BYV98, Version von 09/2012
30. Vishay, Datenblatt der LL46, Version von 05/2012
31. Vishay, Datenblatt der MBR10H, Version von 07/2015
32. Vishay, Datenblatt der PB5006, Version von 06/2013
33. Vishay, Datenblatt der SF1200, Version von 09/2012
34. Vishay, Datenbl. der UHF20-FCT, Version von 08/2013
35. Vishay, Datenblatt der V20202C, Version von 10/2014
36. Vishay, Dat.-bl. der VS-150EBU02HF4, Vers. v. 06/2015
37. Vishay, Datenblatt der VS-SD853, Version von 04/2014

Das Interpolationspolynom 9

Die funktionalen Zusammenhänge in der Natur sind selten dergestalt, dass sie sich über einen größeren Bereich einer Dimension mit befriedigender Genauigkeit mathematisch modellieren lassen, in erster Linie, weil die mathematischen Funktionen schnell unhandlich werden. Um die funktionalen Zusammenhänge der Natur trotzdem mathematisch darstellen zu können, kann man sich Interpolationsmethoden bedienen. Bei diesen ermittelt man anhand einiger konkreter Punkte in dem Werteraum, den man betrachtet, eine mathematische Funktion, die zumindest an diesen konkreten Punkten den funktionalen Zusammenhang genau genug abbildet. In den Bereichen zwischen den konkreten Punkten weicht die solcherart ermittelte mathematische Funktion natürlich von der Natur ab, wie es die Natur eines Modells eben ist. Je mehr dieser konkreten Punkte, Stützstellen genannt, man für die Ermittlung der mathematischen Funktion verwendet, desto mehr hat man die Chance, die Differenz zwischen dem mathematischen Modell und der natürlichen Realität zu verringern. Das heißt unter anderem auch, dass eine beliebige Ausweitung der Menge der Stützstellen nicht zwangsläufig heißen muss, dass das mathematische Modell an allen Stellen zwischen den Stützstellen eine geringere Abweichung zur Realität aufweist als mit weniger Stützstellen. Das hat nämlich auch etwas damit zu tun, welche Modellfunktion man auswählt für diese „Interpolationsfunktion" genannte Funktion.

Im Prinzip kann man jede beliebige Funktion auswählen, sie mit den nötigen Parametern ausstatten, dann die Stützstellen einsetzen und den Berechnungsalgorithmus anwenden. Und wird damit über kurz oder lang bei transzendenten Gleichungen landen, die sich nur durch Iterationsverfahren näherungsweise lösen lassen, damit aber auch keine befriedigende Lösung für die Parameter anbieten.

Darum werden in den meisten Fällen für Interpolationsaufgaben Polynome herangezogen. Auch diese haben, erreichen sie erst einmal eine höhere Ordnung, einen Hang zur Unhandlichkeit, aber sie bleiben zumindest lösbar. Abgesehen davon gibt

J. von Stackelberg, *Die Masse eines Photons,* https://doi.org/10.1007/978-3-658-33665-3_9

es verschiedene Lösungsschemata, z. B. von Lagrange oder von Newton [1]. Andere
Mathematiker, z. B. Gauß, bieten Lösungsschemata an, mit denen sich aus den Stützstellen die Parameter des Lösungspolynoms ermitteln lassen [2].

Ich vermisse bei allen diesen Lösungsschemata jedoch, dass sie explizit für einen
bestimmten Koeffizienten des Lösungspolynoms dessen Abhängigkeit von den
Koordinatenwerten der Stützstellen darstellen. Aus diesem Grund versuchte ich, diese
Abhängigkeit selbst zu ermitteln, erst einmal für das Polynom fünfter Ordnung sowie für
das Polynom zweiter Ordnung, weil ich diese im ersten Ansatz für die Diodengleichung
benötigte (Details siehe Kap. 8). Die Lösungen für die Koeffizienten der beiden Polynome sahen folgendermaßen aus:

Polynom 2. Ordnung mit drei Stützstellen:

$$y = x^2 \cdot a + x \cdot b + c \tag{9.1}$$

$S_1 (x_1/y_1)$
$S_2 (x_2/y_2)$
$S_3 (x_3/y_3)$

$$a = \frac{y_1}{(x_1 - x_2) \cdot (x_1 - x_3)} + \frac{y_2}{(x_2 - x_1) \cdot (x_2 - x_3)} + \frac{y_3}{(x_3 - x_1) \cdot (x_3 - x_2)} \tag{9.2}$$

$$b = -\frac{y_1 \cdot (x_2 + x_3)}{(x_1 - x_2) \cdot (x_1 - x_3)} - \frac{y_2 \cdot (x_1 + x_3)}{(x_2 - x_1) \cdot (x_2 - x_3)} - \frac{y_3 \cdot (x_1 + x_2)}{(x_3 - x_1) \cdot (x_3 - x_2)} \tag{9.3}$$

$$c = \frac{y_1 \cdot (x_2 \cdot x_3)}{(x_1 - x_2) \cdot (x_1 - x_3)} + \frac{y_2 \cdot (x_1 \cdot x_3)}{(x_2 - x_1) \cdot (x_2 - x_3)} + \frac{y_3 \cdot (x_1 \cdot x_2)}{(x_3 - x_1) \cdot (x_3 - x_2)} \tag{9.4}$$

Das Polynom 5. Ordnung mit sechs Stützstellen:

$$y = x^5 \cdot a + x^4 \cdot b + x^3 \cdot c + x^2 \cdot d + x \cdot e + f \tag{9.5}$$

$S_1 (x_1/y_1)$
$S_2 (x_2/y_2)$
$S_3 (x_3/y_3)$
$S_4 (x_4/y_4)$
$S_5 (x_5/y_5)$
$S_6 (x_6/y_6)$

$$a = \frac{y_1}{(x_1 - x_2) \cdot (x_1 - x_3) \cdot (x_1 - x_4) \cdot (x_1 - x_5) \cdot (x_1 - x_6)}$$
$$+ \frac{y_2}{(x_2 - x_1) \cdot (x_2 - x_3) \cdot (x_2 - x_4) \cdot (x_2 - x_5) \cdot (x_2 - x_6)}$$
$$+ \frac{y_3}{(x_3 - x_1) \cdot (x_3 - x_2) \cdot (x_3 - x_4) \cdot (x_3 - x_5) \cdot (x_3 - x_6)}$$
$$+ \frac{y_4}{(x_4 - x_1) \cdot (x_4 - x_2) \cdot (x_4 - x_3) \cdot (x_4 - x_5) \cdot (x_4 - x_6)} \qquad (9.6)$$
$$+ \frac{y_5}{(x_5 - x_1) \cdot (x_5 - x_2) \cdot (x_5 - x_3) \cdot (x_5 - x_4) \cdot (x_5 - x_6)}$$
$$+ \frac{y_6}{(x_6 - x_1) \cdot (x_6 - x_2) \cdot (x_6 - x_3) \cdot (x_6 - x_4) \cdot (x_6 - x_5)}$$

$$b = - \frac{y_1 \cdot (x_6 + x_5 + x_4 + x_3 + x_2)}{(x_1 - x_2) \cdot (x_1 - x_3) \cdot (x_1 - x_4) \cdot (x_1 - x_5) \cdot (x_1 - x_6)}$$
$$- \frac{y_2 \cdot (x_6 + x_5 + x_4 + x_3 + x_1)}{(x_2 - x_1) \cdot (x_2 - x_3) \cdot (x_2 - x_4) \cdot (x_2 - x_5) \cdot (x_2 - x_6)}$$
$$- \frac{y_3 \cdot (x_6 + x_5 + x_4 + x_2 + x_1)}{(x_3 - x_1) \cdot (x_3 - x_2) \cdot (x_3 - x_4) \cdot (x_3 - x_5) \cdot (x_3 - x_6)}$$
$$- \frac{y_4 \cdot (x_6 + x_5 + x_3 + x_2 + x_1)}{(x_4 - x_1) \cdot (x_4 - x_2) \cdot (x_4 - x_3) \cdot (x_4 - x_5) \cdot (x_4 - x_6)} \qquad (9.7)$$
$$- \frac{y_5 \cdot (x_6 + x_4 + x_3 + x_2 + x_1)}{(x_5 - x_1) \cdot (x_5 - x_2) \cdot (x_5 - x_3) \cdot (x_5 - x_4) \cdot (x_5 - x_6)}$$
$$- \frac{y_6 \cdot (x_5 + x_4 + x_3 + x_2 + x_1)}{(x_6 - x_1) \cdot (x_6 - x_2) \cdot (x_6 - x_3) \cdot (x_6 - x_4) \cdot (x_6 - x_5)}$$

$$c = \frac{y_1 \cdot (x_2 \cdot x_3 + x_2 \cdot x_4 + x_2 \cdot x_5 + x_2 \cdot x_6 + x_3 \cdot x_4 + x_3 \cdot x_5 + x_3 \cdot x_6 + x_4 \cdot x_5 + x_4 \cdot x_6 + x_5 \cdot x_6)}{(x_1 - x_2) \cdot (x_1 - x_3) \cdot (x_1 - x_4) \cdot (x_1 - x_5) \cdot (x_1 - x_6)}$$
$$+ \frac{y_2 \cdot (x_1 \cdot x_3 + x_1 \cdot x_4 + x_1 \cdot x_5 + x_1 \cdot x_6 + x_3 \cdot x_4 + x_3 \cdot x_5 + x_3 \cdot x_6 + x_4 \cdot x_5 + x_4 \cdot x_6 + x_5 \cdot x_6)}{(x_2 - x_1) \cdot (x_2 - x_3) \cdot (x_2 - x_4) \cdot (x_2 - x_5) \cdot (x_2 - x_6)}$$
$$+ \frac{y_3 \cdot (x_1 \cdot x_2 + x_1 \cdot x_4 + x_1 \cdot x_5 + x_1 \cdot x_6 + x_2 \cdot x_4 + x_2 \cdot x_5 + x_2 \cdot x_6 + x_4 \cdot x_5 + x_4 \cdot x_6 + x_5 \cdot x_6)}{(x_3 - x_1) \cdot (x_3 - x_2) \cdot (x_3 - x_4) \cdot (x_3 - x_5) \cdot (x_3 - x_6)}$$
$$+ \frac{y_4 \cdot (x_1 \cdot x_2 + x_1 \cdot x_3 + x_1 \cdot x_5 + x_1 \cdot x_6 + x_2 \cdot x_3 + x_2 \cdot x_5 + x_2 \cdot x_6 + x_3 \cdot x_5 + x_3 \cdot x_6 + x_5 \cdot x_6)}{(x_4 - x_1) \cdot (x_4 - x_2) \cdot (x_4 - x_3) \cdot (x_4 - x_5) \cdot (x_4 - x_6)}$$
$$+ \frac{y_5 \cdot (x_1 \cdot x_2 + x_1 \cdot x_3 + x_1 \cdot x_4 + x_1 \cdot x_6 + x_2 \cdot x_3 + x_2 \cdot x_4 + x_2 \cdot x_6 + x_3 \cdot x_4 + x_3 \cdot x_6 + x_4 \cdot x_6)}{(x_5 - x_1) \cdot (x_5 - x_2) \cdot (x_5 - x_3) \cdot (x_5 - x_4) \cdot (x_5 - x_6)}$$
$$+ \frac{y_6 \cdot (x_1 \cdot x_2 + x_1 \cdot x_3 + x_1 \cdot x_4 + x_1 \cdot x_5 + x_2 \cdot x_3 + x_2 \cdot x_4 + x_2 \cdot x_5 + x_3 \cdot x_4 + x_3 \cdot x_5 + x_4 \cdot x_5)}{(x_6 - x_1) \cdot (x_6 - x_2) \cdot (x_6 - x_3) \cdot (x_6 - x_4) \cdot (x_6 - x_5)}$$

$$(9.8)$$

$$d = -\frac{y_1 \cdot (x_2 \cdot x_3 \cdot x_4 + x_2 \cdot x_3 \cdot x_5 + x_2 \cdot x_3 \cdot x_6 + x_3 \cdot x_4 \cdot x_5 + x_3 \cdot x_4 \cdot x_6 + x_4 \cdot x_5 \cdot x_6)}{(x_1 - x_2) \cdot (x_1 - x_3) \cdot (x_1 - x_4) \cdot (x_1 - x_5) \cdot (x_1 - x_6)}$$

$$- \frac{y_2 \cdot (x_1 \cdot x_3 \cdot x_4 + x_1 \cdot x_3 \cdot x_5 + x_1 \cdot x_3 \cdot x_6 + x_3 \cdot x_4 \cdot x_5 + x_3 \cdot x_4 \cdot x_6 + x_4 \cdot x_5 \cdot x_6)}{(x_2 - x_1) \cdot (x_2 - x_3) \cdot (x_2 - x_4) \cdot (x_2 - x_5) \cdot (x_2 - x_6)}$$

$$- \frac{y_3 \cdot (x_1 \cdot x_2 \cdot x_4 + x_1 \cdot x_2 \cdot x_5 + x_1 \cdot x_2 \cdot x_6 + x_2 \cdot x_4 \cdot x_5 + x_2 \cdot x_4 \cdot x_6 + x_4 \cdot x_5 \cdot x_6)}{(x_3 - x_1) \cdot (x_3 - x_2) \cdot (x_3 - x_4) \cdot (x_3 - x_5) \cdot (x_3 - x_6)}$$

$$- \frac{y_4 \cdot (x_1 \cdot x_2 \cdot x_3 + x_1 \cdot x_2 \cdot x_5 + x_1 \cdot x_2 \cdot x_6 + x_2 \cdot x_3 \cdot x_5 + x_2 \cdot x_3 \cdot x_6 + x_3 \cdot x_5 \cdot x_6)}{(x_4 - x_1) \cdot (x_4 - x_2) \cdot (x_4 - x_3) \cdot (x_4 - x_5) \cdot (x_4 - x_6)}$$

$$- \frac{y_5 \cdot (x_1 \cdot x_2 \cdot x_3 + x_1 \cdot x_2 \cdot x_4 + x_1 \cdot x_2 \cdot x_6 + x_2 \cdot x_3 \cdot x_4 + x_2 \cdot x_3 \cdot x_6 + x_3 \cdot x_4 \cdot x_6)}{(x_5 - x_1) \cdot (x_5 - x_2) \cdot (x_5 - x_3) \cdot (x_5 - x_4) \cdot (x_5 - x_6)}$$

$$- \frac{y_6 \cdot (x_1 \cdot x_2 \cdot x_3 + x_1 \cdot x_2 \cdot x_4 + x_1 \cdot x_2 \cdot x_5 + x_2 \cdot x_3 \cdot x_4 + x_2 \cdot x_3 \cdot x_5 + x_3 \cdot x_4 \cdot x_5)}{(x_6 - x_1) \cdot (x_6 - x_2) \cdot (x_6 - x_3) \cdot (x_6 - x_4) \cdot (x_6 - x_5)}$$

(9.9)

$$e = \frac{y_1 \cdot (x_2 \cdot x_3 \cdot x_4 \cdot x_5 + x_2 \cdot x_3 \cdot x_4 \cdot x_6 + x_3 \cdot x_4 \cdot x_5 \cdot x_6)}{(x_1 - x_2) \cdot (x_1 - x_3) \cdot (x_1 - x_4) \cdot (x_1 - x_5) \cdot (x_1 - x_6)}$$

$$+ \frac{y_2 \cdot (x_1 \cdot x_3 \cdot x_4 \cdot x_5 + x_1 \cdot x_3 \cdot x_4 \cdot x_6 + x_3 \cdot x_4 \cdot x_5 \cdot x_6)}{(x_2 - x_1) \cdot (x_2 - x_3) \cdot (x_2 - x_4) \cdot (x_2 - x_5) \cdot (x_2 - x_6)}$$

$$+ \frac{y_3 \cdot (x_1 \cdot x_2 \cdot x_4 \cdot x_5 + x_1 \cdot x_2 \cdot x_4 \cdot x_6 + x_2 \cdot x_4 \cdot x_5 \cdot x_6)}{(x_3 - x_1) \cdot (x_3 - x_2) \cdot (x_3 - x_4) \cdot (x_3 - x_5) \cdot (x_3 - x_6)}$$

$$+ \frac{y_4 \cdot (x_1 \cdot x_2 \cdot x_3 \cdot x_5 + x_1 \cdot x_2 \cdot x_3 \cdot x_6 + x_2 \cdot x_3 \cdot x_5 \cdot x_6)}{(x_4 - x_1) \cdot (x_4 - x_2) \cdot (x_4 - x_3) \cdot (x_4 - x_5) \cdot (x_4 - x_6)}$$

$$+ \frac{y_5 \cdot (x_1 \cdot x_2 \cdot x_3 \cdot x_4 + x_1 \cdot x_2 \cdot x_3 \cdot x_6 + x_2 \cdot x_3 \cdot x_4 \cdot x_6)}{(x_5 - x_1) \cdot (x_5 - x_2) \cdot (x_5 - x_3) \cdot (x_5 - x_4) \cdot (x_5 - x_6)}$$

$$+ \frac{y_6 \cdot (x_1 \cdot x_2 \cdot x_3 \cdot x_4 + x_1 \cdot x_2 \cdot x_3 \cdot x_5 + x_2 \cdot x_3 \cdot x_4 \cdot x_5)}{(x_6 - x_1) \cdot (x_6 - x_2) \cdot (x_6 - x_3) \cdot (x_6 - x_4) \cdot (x_6 - x_5)}$$

(9.10)

$$f = -\frac{y_1 \cdot (x_2 \cdot x_3 \cdot x_4 \cdot x_5 \cdot x_6)}{(x_1 - x_2) \cdot (x_1 - x_3) \cdot (x_1 - x_4) \cdot (x_1 - x_5) \cdot (x_1 - x_6)}$$

$$- \frac{y_2 \cdot (x_1 \cdot x_3 \cdot x_4 \cdot x_5 \cdot x_6)}{(x_2 - x_1) \cdot (x_2 - x_3) \cdot (x_2 - x_4) \cdot (x_2 - x_5) \cdot (x_2 - x_6)}$$

$$- \frac{y_3 \cdot (x_1 \cdot x_2 \cdot x_4 \cdot x_5 \cdot x_6)}{(x_3 - x_1) \cdot (x_3 - x_2) \cdot (x_3 - x_4) \cdot (x_3 - x_5) \cdot (x_3 - x_6)}$$

$$- \frac{y_4 \cdot (x_1 \cdot x_2 \cdot x_3 \cdot x_5 \cdot x_6)}{(x_4 - x_1) \cdot (x_4 - x_2) \cdot (x_4 - x_3) \cdot (x_4 - x_5) \cdot (x_4 - x_6)}$$

$$- \frac{y_5 \cdot (x_1 \cdot x_2 \cdot x_3 \cdot x_4 \cdot x_6)}{(x_5 - x_1) \cdot (x_5 - x_2) \cdot (x_5 - x_3) \cdot (x_5 - x_4) \cdot (x_5 - x_6)}$$

$$- \frac{y_6 \cdot (x_1 \cdot x_2 \cdot x_3 \cdot x_4 \cdot x_5)}{(x_6 - x_1) \cdot (x_6 - x_2) \cdot (x_6 - x_3) \cdot (x_6 - x_4) \cdot (x_6 - x_5)}$$

(9.11)

Da ich bei Betrachtung der Ergebnisse einen allgemeinen Algorithmus für die Ermittlung der Koeffizienten des Lösungspolynoms vermutete, berechnete ich auch die Koeffizientensätze für die Polynome erster, dritter und vierter Ordnung. Aus diesen Ergebnissen leitete ich die nachfolgende allgemeine Lösung für die Koeffizienten eines Interpolationspolynoms ab.

Interpolationspolynom n. Ordnung mit $n + 1$ Stützstellen:

$$S(x_0/y_0)$$

$$S(x_1/y_1) \tag{9.12}$$

$$\ldots$$

$$S(x_{n-1}/y_{n-1})$$

$$S(x_n/y_n)$$

$$y = k_n \cdot x^n + k_{n-1} \cdot x^{n-1} + \ldots + k_2 \cdot x^2 + k_1 \cdot x + k_0 \tag{9.13}$$

oder

$$y = \sum_{m=0}^{n} k_m \cdot x^m \tag{9.14}$$

mit

$$k_m = (-1)^n \cdot (-1)^m \cdot \sum_{j=0}^{n} \frac{y_j \cdot \sum_{k=1}^{\binom{n}{m}} \prod_{l=1}^{n-m} x_{p_l}}{(x_j - x_0) \cdot (x_j - x_1) \cdot \ldots \cdot (x_j - x_{j-1}) \cdot (x_j - x_{j+1}) \cdot \ldots \cdot (x_j - x_{n-1}) \cdot (x_j - x_n)} \tag{9.15}$$

mit

$$\binom{n}{m} = \begin{cases} \frac{n!}{m! \cdot (n-m)!} & \text{für } 0 \leq m \leq n \\ 0 & \text{für } 0 \leq n < m \end{cases} \tag{9.16}$$

ist Binomialkoeffizient
und

$$p_l \in [0; n] \text{ ohne } \{j\} \wedge p_a \neq p_b. \tag{9.17}$$

Literatur

1. Bronstein, Semendjajew; Taschenbuch der Mathematik; Verlag Nauka Moskau, 25. Auflage 1991
2. Wikipedia, Interpolationspolynom, 1. 3. 2021

Koordinatentransformationen 10

Koordinatentransformationen sind überall dann notwendig, wenn von einem Koordinatensystem zu einem anderen gewechselt wird, weil zum Beispiel die Darstellung eines Zusammenhangs in einem anderen Koordinatensystem einfacher ist. Allerdings sind diese Transformationen nicht immer problemlos und vor allem sind sie nicht immer allgemein gültig.

10.1 Koordinatensysteme

Grundsätzlich dienen Koordinatensysteme dazu, Punkte oder Punktfolgen innerhalb einer Fläche, eines Raumes oder eines Hyperraumes zu beschreiben. Koordinatensysteme sind dabei so gestaltet, dass je nach Anzahl der Dimensionen der Fläche, des Raumes oder Hyperraumes mindestens eine entsprechende Anzahl an Werten den Punkt oder die Punkte beschreiben; diese Wertemenge wird Koordinaten des Punktes oder der Punkte genannt.

Punktfolgen in einem Koordinatensystem können mit Relationen/Funktionen beschrieben werden. Je nach Anzahl der unabhängigen und abhängigen Variablen können mit diesen Relationen/Funktionen ein- oder mehrdimensionale Systeme beschrieben werden.

Ein Beispiel:
Gegeben sei ein dreidimensionaler Raum. Das die Punkte in diesem Raum beschreibende Koordinatensystem sei ein orthonormiertes System (Erklärung in Abschn. 10.1.1).
Eine Funktion

$$z = 2 \cdot x + 3 \cdot y - 1 \quad \text{mit} \quad x, y, z \in R \tag{10.1}$$

© Der/die Autor(en), exklusiv lizenziert durch Springer Fachmedien Wiesbaden GmbH, ein Teil von Springer Nature 2021
J. von Stackelberg, *Die Masse eines Photons*,
https://doi.org/10.1007/978-3-658-33665-3_10

beschreibt einen linienförmigen Graphen,
   während

$$z = 2 \cdot x$$
$$y = 4 \cdot x^2 - 3$$
$$\text{mit } x, y, z \in R$$

(10.2)

ein flächiges Gebilde beschreibt.

Die Dimensionen in der Fläche, dem Raum oder dem Hyperraum können sich

- einer krummen oder geraden Linie folgend,
- einer geschlossenen Linie, z. B. einem Kreis, einer Ellipse oder einem Vieleck, folgend,
- einer Abfolge von geschichteten Flächen folgend,
- in einer ungleichmäßigen, einer regelmäßig ungleichmäßigen, z. B. logarithmisch, einer gleich abgestuften Skalierung aufgeteilt seiend usw.

in die Fläche, den Raum oder den Hyperraum legen.

Im Folgenden werden einige spezielle Koordinatensysteme beschrieben, die im Allgemeinen am häufigsten zur Anwendung kommen.

10.1.1 Orthonormiertes kartesisches Koordinatensystem

Das orthonormierte kartesische Koordinatensystem ist ein kartesisches Koordinatensystem und hat rechtwinklig aufeinander stehende Koordinatenachsen, die zudem beide in einheitlichen und gleichen Längenabstufungen eingeteilt sind und deren positive Richtungsachsen nacheinander im mathematisch positiven Richtungssinn angeordnet sind (jeweils gegen den Uhrzeigersinn). Für die zweidimensionale Darstellung liegen zwei Koordinatenachsen auf der Ebene; für die dreidimensionale Darstellung stehen drei Koordinatenachsen im Raum, vierdimensionale Hyperräume kann man nicht so einfach dreidimensional darstellen, da kommt es darauf an, ob der Raum ein ausdehnendes System ist oder ein bewegendes (linear, Drehung etc.).

10.1.2 Polarkoordinatensystem

Das Polarkoordinatensystem besteht aus konzentrischen geschlossenen Strukturen, die je nach Anzahl der Dimensionen ein Gebilde nach n − 1 Dimensionen sind, z. B. linienförmig für den Kreis, flächenförmig für die Kugel etc. Die übrig gebliebene Dimension beinhaltet den Radius der geschlossenen Gebilde.

10.1.3 Koordinatentransformation innerhalb der kartesischen Koordinaten

10.1.3.1 Verschiebung
Bei einer Verschiebung im kartesischen Koordinatensystem werden alle Punkte um den Verschiebungsvektor verschoben. Die Größe und Form von Strukturen bleibt dabei erhalten.

10.1.3.2 Streckung
Bei einer Streckung (Skalierung) werden ausgehend vom Nullpunkt des Koordinatensystems die Ortsvektoren alle Punkte einer Struktur um den Streckungsfaktor (Skalierungsfaktor) verlängert (bzw. verkürzt). Die Form der Struktur bleibt erhalten, nur die Größe ändert sich.

Eine Sonderform der Streckung ist sicherlich, wenn eine Dimension von linearer Skalierung in die logarithmische gewandelt wird. Logarithmische Skalenteilungen werden angewendet, wenn sehr große Zahlenbereiche mit gleichmäßiger relativer Genauigkeit dargestellt werden sollen. Hinsichtlich der Darstellung bedeutet dies, dass eine Funktion des Typs $f(x) = e^x$ im Graphen als gerade Linie dargestellt wird.

10.1.3.2.1 Doppelt logarithmische Darstellung
Interessant wird es bisweilen, wenn mittels eines doppelt logarithmischen Koordinatensystems Kennlinien dargestellt werden, z. B. die Auslösekennlinie einer Schmelzsicherung (Abb. 10.1).

Wenn man die Funktion

$$f(x) = a \cdot x^b + c \tag{10.3}$$

betrachtet und mit Werten gemäß Tab. 10.1 ausstattet, ergeben sich im doppelt logarithmischen Koordinatensystem Graphen gemäß Abb. 10.2.

Die Gleichung $f(x) = a \cdot x^b + c$ etwas umgestellt, erhält man

$$y \cdot x^a = \text{const} \tag{10.4}$$

$$x^a = \frac{\text{const}}{y} \tag{10.5}$$

$$\text{Wir erinnern uns: } a^x = e^{x \cdot \ln a} \ [2] \tag{10.6}$$

$$x^a = \frac{\text{const}}{y} \tag{10.7}$$

$$x^a = e^{a \cdot \ln x} \tag{10.8}$$

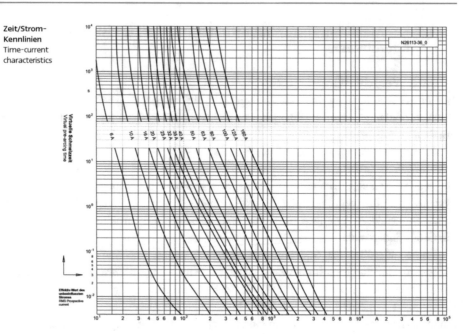

Abb. 10.1 Doppelt logarithmisch dargestellte Zeit-Strom-Kennlinienschar von NH-Schmelz-sicherungen [1]

Tab. 10.1 Verschiedene Wertekombinationen für die Gl. 10.3

a	1	1	2	1	100	1000
b	1	1	1	2	1	−1,5
c	0	10	0	0	0	0

$$e^{a \cdot \ln x} = \frac{\text{const}}{y} \tag{10.9}$$

$$\ln e^{a \cdot \ln x} = \ln \frac{\text{const}}{y} \tag{10.10}$$

$$\ln e^{a \cdot \ln x} = \ln \text{const} - \ln y \tag{10.11}$$

$$a \cdot \ln x = \ln \text{const} - \ln y \tag{10.12}$$

$$a = \frac{\ln \text{const}}{\ln x} - \frac{\ln y}{\ln x} \tag{10.13}$$

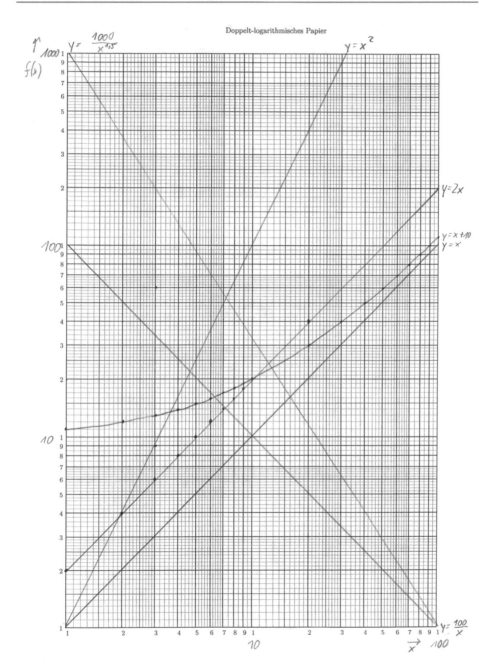

Abb. 10.2 Graphen für verschiedene Funktionen des Typs Gl. 10.3 in doppelt logarithmischer Darstellung

Für das Beispiel der Sicherungskennlinien aus Abb. 10.1 gilt

$$S_1(100/30000); \quad S_2(1000/1,2) \tag{10.14}$$

Einsetzen in die Gleichung

$$a = \frac{\ln \text{const}}{\ln x} - \frac{\ln y}{\ln x} \tag{10.15}$$

zur Ermittlung von a und const:

$$\text{I} \quad a = \frac{\ln \text{const}}{\ln 100} - \frac{\ln 30000}{\ln 100} \tag{10.16}$$

$$\text{II} \quad a = \frac{\ln \text{const}}{\ln 1000} - \frac{\ln 1,2}{\ln 1000} \tag{10.17}$$

Gleichsetzen von I und II:

$$\frac{\ln \text{const}}{\ln 1000} - \frac{\ln 1,2}{\ln 1000} = \frac{\ln \text{const}}{\ln 100} - \frac{\ln 30000}{\ln 100} \tag{10.18}$$

$$\frac{\ln \text{const}}{\ln 1000} - \frac{\ln \text{const}}{\ln 100} = \frac{\ln 1,2}{\ln 1000} - \frac{\ln 30000}{\ln 100} \tag{10.19}$$

$$\ln \text{const} \cdot \left(\frac{1}{\ln 1000} - \frac{1}{\ln 100} \right) = \frac{\ln 1,2}{\ln 1000} - \frac{\ln 30000}{\ln 100} \tag{10.20}$$

$$\ln \text{const} = \frac{\frac{\ln 1,2}{\ln 1000} - \frac{\ln 30000}{\ln 100}}{\frac{1}{\ln 1000} - \frac{1}{\ln 100}} \tag{10.21}$$

In I

$$a = \frac{\frac{\frac{\ln 1,2}{\ln 1000} - \frac{\ln 30000}{\ln 100}}{\frac{1}{\ln 1000} - \frac{1}{\ln 100}}}{\ln 100} - \frac{\ln 30000}{\ln 100} \tag{10.22}$$

$$\text{const} = e^{\frac{\frac{\ln 1,2}{\ln 1000} - \frac{\ln 30000}{\ln 100}}{\frac{1}{\ln 1000} - \frac{1}{\ln 100}}} \tag{10.23}$$

$$a = 4,4; \quad \text{const} = 1,875 \cdot 10^{13} \tag{10.24}$$

$$y \cdot x^{4,4} = 1,875 \cdot 10^{13} \tag{10.25}$$

Das bedeutet, dass im Zeitraum von 10 ms bis 100 s Abschaltzeit bei der Strom-Zeit-Kennlinie der Strom in der 4,4ten Potenz gegenüber der Zeit in das Abschaltverhalten eingreift. Grundsätzlich gilt, dass die Energie in der zweiten Potenz vom Strom abhängt. Die 4,4te Potenz ist ein Hinweis darauf, dass die Sicherung sehr viel weniger Wärme durch den Strom zugeführt bekommt, ehe der Sicherungsdraht sich öffnet, als durch die Schmelzwärme notwendig wäre. Dieses Phänomen entsteht dadurch, dass der Sicherungsdraht vorgespannt ist, z. B. durch eine Zugfeder, und schon vor dem Schmelzpunkt reißt.

10.1.3.3 Drehung
Bei einer Drehung gibt es einen Punkt, um den sich das Koordinatensystem dreht, und einen Winkel, welcher die Drehung beschreibt.

10.1.4 Koordinatentransformation vom kartesischen zum Polarkoordinatensystem

Gegeben sei der Einfachheit halber ein zweidimensionales kartesisches Koordinatensystem und ein zweidimensionales Polarkoordinatensystem, deren Mittelpunkte deckungsgleich sind.

Die Darstellung eines Punktes im kartesischen Koordinatensystem als Ortsvektor hat folgende Struktur:

$$\vec{P}_{\text{kart}} = \begin{pmatrix} x_P \\ y_P \end{pmatrix} \tag{10.26}$$

Dieser Punkt hat im korrespondierenden Polarkoordinatensystem folgendes Aussehen:

$$\vec{P}_{\text{pol}} = \begin{pmatrix} r \\ \varphi \end{pmatrix} \tag{10.27}$$

Die Transformationsvorschriften lauten

$$r = \sqrt{x_P{}^2 + y_P{}^2} \tag{10.28}$$

$$\varphi = \arctan \frac{y_P}{x_P} \tag{10.29}$$

bzw.

$$x_P = r \cdot \cos \varphi \tag{10.30}$$

$$y_P = r \cdot \sin \varphi \tag{10.31}$$

Im kartesischen Koordinatensystem gibt es des Weiteren Vektoren, d. h., gerichtete Pfeile von einem Punkt zu einem anderen Punkt:

$$\vec{v_k} = \begin{pmatrix} x_V \\ y_V \end{pmatrix} \tag{10.32}$$

Sind zwei Punkte $A(x_A/y_A)$ und $B(x_B/y_B)$ gegeben, so errechnet sich der verbindende Vektor $\overrightarrow{AB}$ folgendermaßen:

$$\overrightarrow{AB} = \vec{v_B} - \vec{v_A} \tag{10.33}$$

$$\overrightarrow{AB} = \begin{pmatrix} x_B \\ y_B \end{pmatrix} - \begin{pmatrix} x_A \\ y_A \end{pmatrix} \tag{10.34}$$

$$\overrightarrow{AB} = \begin{pmatrix} x_B - x_A \\ y_B - y_A \end{pmatrix} \tag{10.35}$$

Der Graph dieses Vektors ist ein gerichteter Pfeil vom Punkt A zum Punkt B. Der Graph ist eine gerade Linie, die vom Punkt A zum Punkt B verläuft.

Die Koordinatentransformation der beiden Punkte A und B von den kartesischen Koordinaten zu den Polarkoordinaten ergibt:

$$A_P = \begin{pmatrix} \sqrt{x_A + y_A} \\ \arctan \frac{y_A}{x_A} \end{pmatrix} \tag{10.36}$$

$$B_P = \begin{pmatrix} \sqrt{x_B + y_B} \\ \arctan \frac{y_B}{x_B} \end{pmatrix} \tag{10.37}$$

Der Vektor $\overrightarrow{AB}$ verläuft als Diagonale eines Rechteckes, dessen Seiten parallel zu den Koordinatenachsen liegen.

Demzufolge wäre der Ergebnisvektor

$$\overrightarrow{v_{Ep}} = \overrightarrow{v_{Bp}} - \overrightarrow{v_{Ap}} \tag{10.38}$$

$$\overrightarrow{v_{Ep}} = \begin{pmatrix} \sqrt{x_B + y_B} \\ \arctan \frac{y_B}{x_B} \end{pmatrix} - \begin{pmatrix} \sqrt{x_A + y_A} \\ \arctan \frac{y_A}{x_A} \end{pmatrix} \tag{10.39}$$

$$\overrightarrow{v_{Ep}} = \begin{pmatrix} \sqrt{x_B + y_B} - \sqrt{x_A + y_A} \\ \arctan \frac{y_B}{x_B} - \arctan \frac{y_A}{x_A} \end{pmatrix} \tag{10.40}$$

Ohne auf jeden Spezialfall eingehen zu wollen, ergibt sich daraus

$$\overrightarrow{v_{Ep}} = \begin{pmatrix} \sqrt{\left(\sqrt{x_B + y_B} - \sqrt{x_A + y_A}\right)^2} \\ \arctan \left(\frac{\frac{y_B}{x_B} - \frac{y_A}{x_A}}{1 + \frac{y_B}{x_B} \cdot \frac{y_A}{x_A}} \right) \end{pmatrix} \tag{10.41}$$

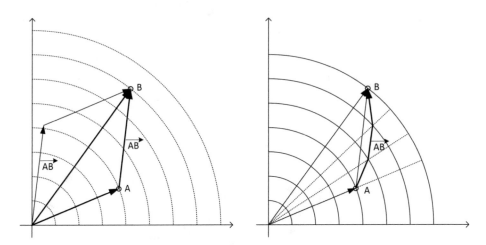

Abb. 10.3 Konstruktion eines Vektors im Polarkoordinatensystem vom Punkt A zum Punkt B; im linken Koordinatensystem (kartesisch) kann der Vektor AB leicht konstruiert werden und ist als freier Vektor überallhin verschiebbar, ohne seine Werte zu ändern; im rechten Koordinatensystem (polar) hat der Vektor AB eine sphärische Kontur; die Konstruktion erfolgt, indem der Raum zwischen den beiden Punkten in hinsichtlich des Winkels und des Radius gleiche Segmente eingeteilt wird und der Vektor diagonal von Kreuzungspunkt zu Kreuzungspunkt geführt wird; da der Abstand zwischen zwei Winkellinien bei kleinem Radius geringer ist als bei großem Radius, entsteht die gekrümmte Linie

$$\vec{v_{Ep}} = \begin{pmatrix} \sqrt{x_B + y_B + x_A + y_A - 2 \cdot \sqrt{x_B + y_B} \cdot \sqrt{x_A + y_A}} \\ \arctan\left(\frac{\frac{y_B}{x_B} - \frac{y_A}{x_A}}{1 + \frac{y_B}{x_B} \cdot \frac{y_A}{x_A}} \right) \end{pmatrix} \tag{10.42}$$

Grundsätzlich stellt sich die Frage, wie eine Verbindungslinie zwischen zwei Punkten in einem Polarkoordinatensystem verlaufen soll: Als „gerade" Linie im Sinne des kartesischen Koordinatensystems oder als „sphärische Diagonale" in den konzentrischen Kreissegmenten, aufgespannt durch die beiden Winkel, die durch die beiden Punkte A und B definiert werden?

Eine Hilfskonstruktion gibt die Antwort (siehe Abb. 10.3).

Während im kartesischen Koordinatensystem Vektoren elegant bearbeitet werden können, geben polare Koordinatensysteme zwar von den Formen her interessantere Lösungen, beschränken sich in der Handhabbarkeit aber im Wesentlichen auf Ortsvektoren.

Literatur

1. NH-Katalog 2019; Siba GmbH
2. Bronstein, Semendjajew; Taschenbuch der Mathematik; Verlag Nauka Moskau, 25. Auflage 1991

Printed in the United States
by Baker & Taylor Publisher Services